U0341639

河北省耕地地力评价与利用丛书

河北省武强县耕地地力评价与利用

张立新　刘建玲◎主编

知识产权出版社
全国百佳图书出版单位

图书在版编目（CIP）数据

河北省武强县耕地地力评价与利用／张立新，刘建玲主编 . —北京：知识产权出版社，2016.9

（河北省耕地地力评价与利用丛书）

ISBN 978 - 7 - 5130 - 4429 - 5

Ⅰ.①河… Ⅱ.①张…②刘… Ⅲ.①耕作土壤—土壤肥力—土壤调查—武强县
②耕作土壤—土壤评价—武强县 Ⅳ.①S159.222.4②S158

中国版本图书馆 CIP 数据核字（2016）第 209899 号

内容提要

本书是依据耕地立地条件、土壤类型和土壤养分状况等对武强县耕地地力的综合评价，是全国测土配方施肥工作的内容之一。全书共十章，主要包括自然与农业生产概况、耕地地力调查评价的内容和方法、耕地土壤及立地条件与农田基础设施、耕地土壤属性、耕地地力评价、蔬菜地地力评价与综合利用、中低产田类型及改良利用、耕地资源合理配置与种植业布局、耕地地力与配方施肥、耕地资源合理利用的对策与建议等内容。书中系统阐述了土壤有机质、全氮、有效磷、速效钾等土壤养分现状与变化，氮、磷、钾在主栽作物上的产量效应，土壤供氮、磷、钾的能力以及作物持续高产下的推荐施肥量。第十章中将武强县土壤养分现状与第二次土壤普查的土壤养分结果进行了详细对比，便于读者了解三十年来河北省武强县土壤养分时空变化以及长期施肥对耕地地力的影响。

本书主要涉及土壤、肥料、植物营养等学科内容，可供农业管理人员及土壤、肥料、农学、植保等专业的院校师生阅读和参考。

责任编辑：范红延　栾晓航　　　　　　责任校对：谷　洋

封面设计：刘　伟　　　　　　　　　　责任出版：孙婷婷

河北省耕地地力评价与利用丛书

河北省武强县耕地地力评价与利用

张立新　刘建玲　主编

出版发行：知识产权出版社 有限责任公司	网　址：http：//www.ipph.cn		
社　址：北京市海淀区西外太平庄 55 号	邮　编：100081		
责编电话：010 - 82000860 转 8026	责编邮箱：1354185581@ qq.com		
发行电话：010 - 82000860 转 8101/8102	发行传真：010 - 82000893/82005070/82000270		
印　刷：北京中献拓方科技发展有限公司	经　销：各大网上书店、新华书店及相关专业书店		
开　本：787mm×1092mm　1/16	印　张：11		
版　次：2016 年 9 月第 1 版	印　次：2016 年 9 月第 1 次印刷		
字　数：248 千字	定　价：89.00 元		

ISBN 978 - 7 - 5130 - 4429 - 5

本书编委会

主　　编　　张立新　刘建玲

副 主 编　　张金芳　廖文华　高志岭　张凤华

编写人员　　徐　健　卢萍萍　汪红霞　张瑞雪　董若征

　　　　　　王桂峰　朱　兵　黄欣欣　吴文静　孙伊辰

　　　　　　李欣坦　杨　羚　杨秀霞　路培琳　贾亮亮

　　　　　　赵　洪　杨树华　耿文好　李　薇　杨会英

　　　　　　袁维翰　杨红利　朱彦锋　王小亮

前　　言

　　土壤是发育在地球表面，具有肥力特征且能够生长绿色植物的疏松物质层，土壤由固、液、气三相组成，这三相物质是土壤肥力的物质基础。土壤肥力是土壤物理、化学和生物学性质的综合反映。土壤肥力分为自然肥力和人为肥力；自然肥力是指土壤在气候、生物、母质、地形和年龄五大成土因素综合作用下发育的肥力；人为肥力是指耕种熟化过程中发育的肥力，即耕作、施肥、灌溉及其他技术措施等人为因素作用的结果。土壤生产力是由土壤本身的肥力属性和发挥肥力作用的外界条件所决定的，因此土壤肥力只是生产力的基础而不是生产力的全部。

　　耕地是指种植农作物的土地，包括新开荒地、休闲地、轮歇地、旱田轮作地；以种植农作物为主，间有零星果树、桑树或其他树木的土地；耕种 3 年以上的滩涂和海涂；耕地中包括沟、渠、路和田埂（南方宽小于 1m，北方宽小于 2m），临时种植药材、草皮、花卉、苗木等的土地，以及其他临时改变用途的耕地。耕地地力受气候、地形、地貌、成土母质、土壤理化性状、农田基础设施及培肥水平等因素的影响，是耕地内在基本素质的综合反映。耕地地力体现的是土壤生产力。

　　耕地是农业生产最基本的资源，耕地地力直接影响到农业生产的发展，耕地地力评价是本次测土配方施肥工作的一项重要内容，是摸清我国耕地资源状况，提高耕地利用效率一项重要基础工作。

　　县域耕地地力评价以耕地利用方式为目的，评估耕地生产潜力和土地适宜性，主要揭示耕地生物生产力和潜在生产力。本书是对河北省武强县县域耕地地力评价，由于县域气候因素相对一致，因此，县域耕地地力评价的主要依据是县域地形和地貌、成土母质、土壤理化性状、农田基础设施等因素相互作用表现出来的综合特征，揭示耕地潜在生物生产力的高低。

　　河北省武强县的测土配方施肥工作始于 2009 年，2011 年 12 月完成了全部的野外取样和土壤样品分析化验工作。按农业部测土配方施肥工作要求，GPS 定位取土样点 2267 个，每个土壤样品分别测定了土壤 pH 值、有机质、全氮、有效磷、速效钾、有效铜、有效铁、有效锰、有效锌、有效硫等技术指标。同时，2009～2011 年每年分别在高、中、低肥力的土壤上完成小麦、玉米的 "3414" 试验。本次耕地地力评价的主要数据来自测土配方施肥项目的土壤养分测试结果和 "3414" 田间肥料效应试验结果。

　　测土配方施肥工作涉及的土壤取样、分析化验、"3414" 试验等工作均由武强县农业畜牧局完成。项目实施中得到了武强县县委、县政府及上级主管部门的关心和支持，为项目顺利完成提供各项保障。

　　河北农业大学依据武强县农业畜牧局提供本次测土配方施肥工作中的土壤养分测定

结果、"3414"试验结果、第二次土壤普查的土壤志、土壤图，以及土地利用现状图、行政区划图等材料完成了武强县的耕地地力评价（2012年年底武强县耕地地力评价已通过河北省农业厅土壤肥料总站验收，并报送农业部），组织撰写《河北省武强县耕地地力评价与利用》书籍。为便于读者了解30年来武强县土壤养分的变化，书中对武强县的土壤养分现状与第二次土壤普查的土壤养分测定结果进行了详细对比，为科学管理土壤养分和确定合理施肥量提供参考。

本书撰写分工为：第一章、第三章、第六章、第七章、第八章、第九章第一、第三节、第十章由武强县农业畜牧局徐健、卢萍萍、李欣坦、杨秀霞、路培琳、贾亮亮、赵洪等编写，前言、第二章、第四章、第五章、第九章第二节和第十章部分内容、土壤养分图由河北农业大学刘建玲、廖文华、高志岭、张凤华、王贵政、汪红霞、孙伊辰等人编写，前言、第九章第二节由刘建玲编写，全书由刘建玲统稿和定稿，全书由廖文华校对和整理。

特别说明的是，根据农业部耕地地力评价的要求，书中第二章耕地地力评价的方法采用农业部要求的统一方法。第一章、第三章涉及的武强县气候特点、土壤类型、土壤母质等，均引用了武强县第二次土壤普查的土壤志以及相关总结和数据材料，参考了河北省土壤志、河北省第二次土壤普查汇总材料等资料。在此，编委会向前辈们对土壤工作的巨大贡献表示由衷的敬意，对所有参加1978年土壤普查和本次测土配方施肥工作人员深表敬意。

本书各章节编排依据于河北省土肥站提供模板，在写作过程中得到了武强县农业畜牧局梁东局长、张金芳副局长的大力支持和河北省农业厅土壤肥料工作站、衡水市土肥站等省、市级领导的指导，在此深表谢意。本书的出版得益于知识产权出版社有限责任公司范红延女士的大力支持，她在本书的编辑和优化上花了大量的心血，在此致以诚挚的谢意。

由于写作时间仓促以及作者学识水平所限，书中难免有不足之处，敬请各级专家及同仁提出意见和建议。

编 者

2015 年 12 月

目　　录

第一章　自然与农业生产概况 ……………………………………………… 1

　第一节　自然概况 ………………………………………………………… 1

　第二节　农村经济概况 …………………………………………………… 3

　第三节　农业生产概况 …………………………………………………… 5

第二章　耕地地力调查评价的内容和方法 ……………………………… 7

　第一节　准备工作 ………………………………………………………… 7

　第二节　调查方法与内容 ………………………………………………… 8

　第三节　样品分析与质量控制 …………………………………………… 12

　第四节　耕地地力评价原理与方法 ……………………………………… 17

　第五节　耕地资源管理信息系统的建立与应用 ………………………… 23

第三章　耕地土壤的立地条件与农田基础设施 ………………………… 29

　第一节　耕地土壤的立地条件 …………………………………………… 29

　第二节　农田基础设施 …………………………………………………… 31

第四章　耕地土壤属性 …………………………………………………… 33

　第一节　耕地土壤类型 …………………………………………………… 33

　第二节　有机质 …………………………………………………………… 34

　第三节　全氮 ……………………………………………………………… 39

　第四节　有效磷 …………………………………………………………… 44

　第五节　速效钾 …………………………………………………………… 49

　第六节　有效铜 …………………………………………………………… 54

　第七节　有效铁 …………………………………………………………… 59

　第八节　有效锰 …………………………………………………………… 64

　第九节　有效锌 …………………………………………………………… 68

　第十节　有效硫 …………………………………………………………… 73

第五章　耕地地力评价 …………………………………………………… 78

　第一节　耕地地力分级 …………………………………………………… 78

　第二节　耕地地力等级分述 ……………………………………………… 80

第六章　蔬菜地地力评价及综合利用 …………………………………… 110

　第一节　蔬菜生产历史与现状 …………………………………………… 110

　第二节　蔬菜地地力评价 ………………………………………………… 111

　第三节　菜地合理利用 …………………………………………………… 113

第七章 中低产田类型及改良利用 ·· 116
　第一节 灌溉改良型 ·· 116
　第二节 瘠薄培肥型 ·· 118
第八章 耕地资源合理配置与种植业布局 ·························· 121
　第一节 耕地资源合理配置 ·· 121
第九章 耕地地力与配方施肥 ·· 130
　第一节 施肥状况分析 ·· 130
　第二节 肥料效应田间试验结果 ······································ 134
　第三节 肥料配方设计 ·· 139
第十章 耕地资源合理利用的对策与建议 ·························· 142
　第一节 耕地资源数量与质量变化的趋势分析 ······················ 142
　第二节 耕地资源利用面临的问题 ···································· 144
　第三节 耕地资源合理利用的对策与建议 ···························· 146
附图 ·· 151
　图一 武强县耕地地力等级图 ·· 151
　图二 武强县耕地地力评价取土点位图 ································ 152
　图三 武强县耕层土壤有机质含量等级图 ······························ 153
　图四 武强县耕层土壤全氮含量等级图 ································ 154
　图五 武强县耕层土壤有效磷含量等级图 ······························ 155
　图六 武强县耕层土壤速效钾含量等级图 ······························ 156
　图七 武强县耕层土壤有效铜含量等级图 ······························ 157
　图八 武强县耕层土壤有效铁含量等级图 ······························ 158
　图九 武强县耕层土壤有效锰含量等级图 ······························ 159
　图十 武强县耕层土壤有效锌含量等级图 ······························ 160
　图十一 武强县耕层土壤有效硫含量等级图 ···························· 161

第一章 自然与农业生产概况

第一节 自然概况

一、地理位置与行政区划

（一）地理位置

武强县地理坐标为东经 115°10′~116°34′，北纬 37°03′~38°23′，位于河北省东南部，衡水市东北方位，北与饶阳县、献县交界，南与武邑县相连，东与泊头市接壤，西与深州市为邻。

（二）行政区划

武强县辖 3 个镇：武强镇、街关镇、周窝镇；3 乡：孙庄乡、北代乡、豆村乡；共计 6 个乡镇、238 个行政村。

武强县总面积 445km²，截至 2010 年武强县（市）耕地面积 43.4 万亩，总人口 20.9 万，其中农业人口占总人口 84.16%，具体情况见表 1-1。1982 年以前为公社单位，与目前乡镇对照见表 1-2。

表 1-1　2010 年各乡镇总面积、所辖村庄数及人口

乡镇	总面积（km²）	面积/亩	村庄/个	总人口/人	农业人口/人
武强镇	96.08	88995	45	61144	34683
街关镇	75.40	74040	54	33696	31392
周窝镇	53.12	47910	40	26592	24399
孙庄乡	75.15	79260	25	33702	32244
北代乡	80.90	75555	35	31678	30576
豆村乡	62.40	68445	39	32124	30972

注：数据来源于武强县统计局。1 亩 = 666.67m²，下同。

表 1-2　目前乡镇与 1982 年公社对照表

乡镇	公社
武强镇	马头、小范
街关镇	留贯、街关、郭庄
周窝镇	刘厂、周窝
孙庄乡	西五、合立、孙庄
北代乡	沙洼、北代
豆村乡	台南、豆村

二、自然气候与水文地质

按照中国"自然区划"，武强县属东部季风区暖温带半湿润地区，大陆性季风气候，四季分明，雨热同期。

气温和无霜期：年平均气温 12.8℃，平均地温（50mm）15.2℃，全年 0℃以上积温 4810.8℃，持续 277d；≥10℃积温 4372.7℃，持续 204d。年照时数为 2505.1h，太阳辐射年总量为 12574cal/cm²。无霜期 185d 左右，初霜日为 10 月 22 日，终霜日为 4 月 22 日。

降水：年均降水量为 554.7 mm，雨量多集中在 7～8 月份，平均为 451.9 mm，占全年降水量的 76%。冬季降水量很少，平均只有 14.8 mm，占全年降水量为 2%；春季降水量为 51.4 mm，占全年降水量的 9%。武强县历年降水量见表 1-3。

表 1-3　武强县历年降水量　　　　　　单位：mm

年份	1972	1973	1974	1975	1976	1977	1978	1979	1980	1981
降水量	362.4	621.6	637.4	358.4	622.0	1034.8	59.0	345.2	471.1	526.4
年份	1982	1983	1984	1985	1986	1987	1988	1989	1990	1991
降水量	678.2	441.7	497.4	951.1	294.8	627.0	600.0	348.5	700.3	738.1
年份	1992	1993	1994	1995	1996	1997	1998	1999	2000	2001
降水量	436.0	380.2	550.7	606.1	467.4	248.5	406.7	312.5	520	486.9
年份	2002	2003	2004	2005	2006	2007	2008	2009	2010	2011
降水量	343.1	823	404.7	424.4	372.4	446.6	604.6	624.8	421.9	406.9

注：数据来源于武强县气象局。

三、地形地貌

武强县位于衡水市地区东北部，属黑龙港低平原区，为古黄河、古漳河冲积平原。地势低平，自然地形西部高，东部、北部低，海拔高度在 14.2～18.7m，一般在 15.5m 左右，纵坡降在 1/7000～1/5000。

由于历史上古黄河、古漳河、滹沱河、滏阳河多次改道和交错沉积、境内又先后受龙治河、朱家河、天平沟等十数条河流的切割冲刷，在县境内多处形成大小不同的浅平带状洼地，海拔高度在 14.5 ~ 15.5m。主要分布在北代乡、街关镇、周窝镇、武强镇、豆村乡等乡镇。同时，武强县又处于滹（沱河）滏（阳河）汇流的三角地带，是上游 17 县市 6080km² 众水汇归之所。多雨年份，汛期客水充塞河渠，致使武强县东部、北部数乡排水不畅，往往积涝成灾。

四、水文地质情况

武强县位于滹沱河古洪积扇的前缘，为河北平原水文地质区中近山河流冲洪积和平原河流冲洪积的交接地带。按水分地质特性分为：滹沱河冲积水文地质亚区（Ⅰ区）和滹沱河冲积水文地质亚区（Ⅱ区）。两区的界线大致在郝家庄北 – 周家窝 – 北代 – 沿旧平沟至县北界。此线以西为Ⅰ区，以东为Ⅱ区。由于历代水系杂乱，交错沉积，水文地质条件较复杂，境内地下水中，浅层淡水、深层淡水和咸水皆有分布。据第二次土壤普查记载，地下水位一般埋深 1.5 ~ 2.5m。心土层、底土层有铁锰结核及锈纹斑，地下水直接参与成土过程。水质矿化度在 1 ~ 5g/L，水化学类型主要以硫酸盐为主，其次为氯化物。

地表水主要来源于大气降水，石津渠供水及各河渠过境水。据县水文资料记载，多年平均年自产径流量 1128 万立方米，丰水年 1863 万立方米，平水年 555 万立方米，偏枯年为 135 万立方米，平均径流深度为 25mm。石津渠供水是武强县地表水资源的组成部分，供水数量、时间因黄壁庄水库蓄水量而异。1966 ~ 1980 年，平均年来水量 894 万立方米。河渠过境水主要来自滏阳新河、滏阳河、滏阳排河、天平沟、留楚排干 5 条河流渠道，据 1995 年县志资料记载，平均年入境量 48975 万立方米。除蒸发、渗漏外，主要用于农田灌溉。

第二节　农村经济概况

一、农业生产总值

几年来，武强县委县政府认真落实党在农村的各项基本政策，下大力度解决"三农"问题，同时，继续调整优化农村经济结构，农业生产规模不断扩大，使农村经济得以持续快速发展，农业总产值逐年提高。新中国成立以来，主要年份农业生产总值见表 1 – 4。

表 1 – 4　武强县主要年份农业生产总值　　　　　　　　　　单位：万元

年份	1949	1957	1963	1978	1980	1990	2000	2005	2010	2014
农业总产值	370	585	141.6	1578	1128	10073	29773	57058	99321	82253

农村经济的发展及农业总产值的提高主要表现在以下几方面。

1. 粮食生产稳步增长

武强县是产粮大县，粮食生产在农业中占据重要的地位，尤其是近几年来，免征农业税及良种补贴等惠农政策的落实，极大地调动了农民的生产积极性。截至2014年，武强县粮食播种面积60.75万亩，粮食产量达到了24.02万吨，其中：夏粮11.53万吨，秋粮12.49万吨。

2. 蔬菜、畜牧业养殖发展迅速

近年来，随着农村经济结构的调整，武强县蔬菜产业已做大做强，成为支柱产业之一。2014年蔬菜播种面积56685亩，蔬菜总产量19.15万吨，其中设施蔬菜播种面积16560亩，设施蔬菜产量5.44万吨，占蔬菜总产量的28.4%。瓜果播种面积7395亩，瓜果总产量2.78万吨，园林水果总产量0.69万吨。肉类总产量1.73万吨，禽蛋产量2.38万吨，牛奶产量3.01万吨，畜牧业产值完成76662万元，占农林牧渔业总产值的比重为37.03%。

3. 产业化经营加速推进

几年来，农村产业化龙头经营组织发展迅速。武强县已从2006年的6个发展到2010年的10个，其中包括9个龙头带动型企业和1个带动型专业市场，涉及粮油、乳品、牛羊及其加工、禽蛋等农产品，年销售总额从2006年的7470万元增加到2010年的30208万元。农业产业化经营率从2006年的24.6%增加到2014年的59.3%，增长了24.5个百分点。

二、农民人均纯收入

武强县国民经济持续快速健康发展。据统计数据显示，2014年，武强县生产总值503487万元，按可比价格计算比上年增长7.9%。其中，第一产业生产总值82253万元，比上年增长3.0%；第二产业生产总值252464万元，比上年增长9.0%；第三产业生产总值168770万元，比上年增长9.2%。三次产业结构的比重为16.3∶50.2∶33.5。2014年武强县城镇居民人均可支配收入15026元，比上年增长11.8%；农村居民人均可支配收入5579元，比上年增长13.5%。

据公安部门人口统计数据显示，2014年年底武强县户籍人口222730人，其中，农业人口185804人，非农业人口36926人。

在农村，通过落实一系列惠农政策，积极引导农村剩余劳动力转移，使得农民进一步拓宽了增收渠道。2010年，武强县农民人均纯收入3356元，比上年增长9.1%；农民人均消费支出2549.1元，增长13.1%；农村居民恩格尔系数为39.9%，比上年下降1.4个百分点；居民住房条件继续改善，2010年，农村居民人均住房面积20.9 m^2，与上年基本持平，农村电脑普及率17%，彩电普及率95%。武强县2005~2010年农民人均纯收入见表1-5。

表1-5 2005~2010年农民人均纯收入 单位：元

年份	2005	2006	2007	2008	2009	2010
人均收入	2685	2682	2588	2622	2815	3073

第三节　农业生产概况

一、农业发展历史

武强县经济自古以农业为主，但却长期薄弱。新中国成立后，在党的一系列鼓励农业发展政策指引下，全县人民致力于生产条件改善，开挖排灌渠道，打深浅机井，推广农业技术，应用农业机械，农业生产面貌发生了深刻的变化。纵观武强县农业发展，大致可分为4个阶段。

第1阶段：1949～1957年，为农业上升阶段。土地改革和新中国成立后的政策调动了农民生产积极性，在生产方式落后、生产条件仍不够好的情况下，农业生产得到了较快发展。在这段时期，小麦种植逐渐占据主导地位。从1950年开始一直保持在10万亩以上，到1957年种植面积最大，为37.62万亩。玉米居第二位。1949年后，基本保持15万亩左右的水平，最高年份是1956年，种植面积19.42万亩，最低年份（1953年）种植7.73万亩。1957年粮食总产2231万公斤，比1949年增长49.3%，农业总产值585万元，比1949年增长58.1%。

第2阶段：1958～1965年，武强县农业受灾严重。1958年农业总产值644.5万元，到1965年下降为581万元，下降9.8%。

第3阶段：1966～1978年，农业生产不稳定。1966年粮食总产3031.5万公斤，1968年下降到1224.5万公斤，1971年增加到4056.5万公斤，1972年又下降到3749万公斤，此后反复升降。

第4阶段：1979年以来，农业高速发展期。农业内部结构得到调整，在不影响粮食生产的情况下，经济作物得到发展。棉花、花生、芝麻种植也大幅度发展。2005年油料种植比1979年增加4.15万亩，总产量5231t，是1979年的6.57倍，年均递增2.14%；2014年棉花播种面积40710亩，棉花总产量3292t；油料作物播种面积20205亩，油料总产量4405t。从20世纪80年代起，瓜菜生产成为脱贫致富途径之一。瓜类种植1979年为400亩，1987年增加到6900亩，种类以西瓜为主。蔬菜种植面积1979年为6000亩，1987年增加到12500亩，蔬菜产量达到19652t，到2014年年底，蔬菜播种面积56685亩，总产量19.15万吨。而且随着科技投入的不断增加，蔬菜种类也不断增加，除黄瓜外，七彩椒、芦笋等名优特菜新品种快速发展。先后被国家有关部委命名为"辣椒生产基地县""食品生产基地县""旱作农业示范县""无公害蔬菜生产基地县"，被河北省命名为"黄瓜生产之乡"，被京津确定为"蔬菜供应基地县"。

二、农业生产条件

（一）气候

武强县地处中纬度地区，属北温大陆性季风气候。四季分明，光照充足，雨热同期，冬春干燥而少雨雪，夏季热而多雨，春旱秋涝多有发生。武强县历年平均太阳辐射总量为12574cal/cm^2。最多月5月份为1624.3cal/cm^2。四季中夏季最多，占全年辐射总量的 33% 。全年日照数为 2505.1h，日照百分率为 60% ，夏季最多，冬季最少。日照以 5 月份最长，为 271.4h，日照百分率为 67% 。全年气温变化急缓不一。冬春之交，气温上升较迅；秋冬之交，气温的变化趋势一般与气温化趋势相同。历年平均地面温度为 15.2℃，稳定通过 12℃ 的初日为 4 月 5 日。无霜期 185d。

（二）降水

年平均降水量为 554.7mm，主要集中在 7 月下旬至 8 月上旬，占年降水量的 76% ，冬春少雨易干旱，而七八月常有大雨或暴雨造成地面径流，淹地成实、另有冰雹及阴雨连绵，为全国降水变率最大地区之一，给农业造成不同程度的危害。降水集中，雨热同期，是县内气候资源的一大优势。7 ~ 8 月是高温季节，平均气温有 25.5℃，是农作物生长旺季。该期年平均降水量为 451.9mm，占全年降水量的 76% ，与作物生长旺盛期正相吻合，有利于大秋作物的生长发育。

（三）灌溉条件

到 2010 年年底，武强县农用排灌电动机 5.76 万台，农用排灌柴油机 8.9 万台，节水灌溉配套机械 4900 套，有效灌溉面积 34.46 万亩，旱涝保收面积 19.8 万亩，机电排灌面积 39.1 万亩，已配套机电井数 3505 眼。

三、耕地养分与演变

测土配方施肥工程测定了武强县 2267 个样品，耕地土壤养分状况分别是：土壤有机质 14.08g/kg，全氮 0.978g/kg，碱解氮 72.36mg/kg，有效磷 23.73mg/kg，速效钾 113.0mg/kg，缓效钾 805.5mg/kg。与 1982 年第二次土壤普查比较，土壤有机质增加 3.22 g/kg，碱解氮增加 14.3mg/kg，有效磷增加 18.19mg/kg，速效钾减少 44.04mg/kg。具体情况见表 1 - 6。

表 1-6　土壤养分含量变化

乡镇	2011 年				1982 年			
	有机质/（g/kg）	全氮/（g/kg）	有效磷/（mg/kg）	速效钾/（mg/kg）	有机质/（g/kg）	全氮/（g/kg）	有效磷/（mg/kg）	速效钾/（mg/kg）
武强镇	1.398	0.0962	21.32	107	1.006	0.0778	4.519	145.5
豆村乡	1.403	0.0917	22.57	114	1.088	0.0824	3.954	153.54
北代乡	1.325	0.1037	24.35	108	1.0035	0.0741	3.784	158.92
孙庄乡	1.406	0.0984	26.54	117	1.4463	0.0783	7.952	147.25
街关镇	1.432	0.0951	23.27	124	1.1633	0.0846	4.627	168.0
周窝镇	1.486	0.1022	24.37	109	1.0385	0.0774	7.69	168.88

注：资料来源于武强县土壤志。

第二章 耕地地力调查评价的内容和方法

第一节 准备工作

一、组织准备

(一) 成立领导小组

为加强耕地地力调查与质量评价试点工作的领导，成立了由主管农业的副县长为组长，武强县农业畜牧局局长为副组长的"武强县耕地地力调查与评价试点工作领导小组"，负责组织协调，落实人员，安排资金，制订工作计划，指导调查工作。领导小组下设办公室，农业畜牧局主管土肥工作的副局长任主任，主要负责项目组织、协调与督导。

领导小组及其办公室多次召开工作协调会和现场办公会，及时解决工作中出现的问题。为保证在野外调查取样时农民给予积极配合，武强县人民政府向各乡镇印发了通知，要求各乡镇村做好农民的思想工作，消除他们的疑虑，保证了调查数据的真实性和可靠性。

(二) 成立技术组

技术组由主管业务的副局长任组长，成员由土肥站、技术站、植保站等单位负责人组成，负责项目技术方案的制订，组织技术培训、成果汇总与技术指导，确保技术措施落实到位。聘请中国农业大学、河北农业大学、河北省农林科学院、土地管理等部门和学科的专家成立"武强县耕地地力调查与评价工作专家组"，参与耕地地力调查与评价的技术指导，确立评价指标，确定各指标的权重及隶属函数模型等关键技术。

(三) 组建野外调查采样队伍

野外调查采样是耕地地力评价的基础，其准确性直接影响评价结果。为保证野外调查工作质量，组成野外调查采样队，调查队由武强县农业畜牧局技术骨干及各乡镇农业技术人员组成。在调查路线踏查的基础上，调查队共分为5个调查组、5条调查路线，调查队员实行混合编组，即保证每组有一名熟悉情况的当地技术人员、一名参加过类似调查的县农业专业技术人员，做到发挥各自优势，取长补短，保证调查工作质量。

二、物质准备

为了更好地完成武强县耕地地力评价工作，在已有计算机等一些设备的基础上，配置了手持 GPS 定位仪、地理信息系统软件，印制野外调查表，购置采样工具、样品袋（瓶）；同时武强县还建成了面积为 $200m^2$ 的高标准土壤化验室，划分了浸提室、分析室、研磨室、制剂室、主控室等功能分区。通过向社会公开招标和政府采购，先后添置了土壤粉碎机、原子吸收分光光度计、紫外分光光度计、火焰光度计、极谱仪、电子天平等化验仪器设备，并进行了严格的安装和调试，所需玻璃器皿和化学试剂也同步购置完成。化验室所需仪器设备均已配置齐全，并配有专职化验人员 6 人，兼职化验人员 5 人。

三、技术准备

建立县级耕地类型区、耕地地力等级体系，确定武强县耕地地力与土壤环境评价指标体系以及耕地质量评价体系。

组织建立地理信息系统（GIS）支持的试点县耕地资源基础数据库，该数据库包括空间数据库和属性数据库，由武强县土肥站负责数据库建立和录入以及耕地资源管理信息系统整合。

确定取样点。应用土壤图、土地利用现状图叠加确定评价单元，在评价单元内，参照第二次土壤普查采样点进行综合分析，确定调查和采样点位置。

四、资料准备

图件资料包括：武强县行政区划图、土地利用现状图、第二次土壤普查成果图件等相关图件。文本资料：第二次土壤普查基础资料、土地详查资料、1980 年以来国民经济生产统计年报。土壤监测、田间试验、各乡镇历年化肥、农药、除草剂等农用化学品销售投入情况。武强县土地利用总体规划、武强县各乡镇土地利用总体规划。县志、土壤志。主要农作物（含菜田）布局等。其他相关资料：土壤改良、生态建设、土壤典型剖面照片、当地典型景观照片、特色农产品介绍（文字、图片）、地方介绍资料（图片、录像、文字、音乐）。

第二节　调查方法与内容

一、布点、采样原则和技术支持

根据《耕地地力调查与质量评价技术规程》（NY/T 1634—2008）以及武强县的实际情况，本次调查中调查样点的布设采取如下原则。

（一）原则

1. 代表性原则

本次调查的特点是在第二次土壤普查的基础上，摸清不同土壤类型、不同土地利用下的土壤肥力和耕地生产力的变化和现状。因此，调查布点必须覆盖武强县耕地土壤类型以及全部土地利用类型。

2. 典型性原则

调查采样的典型性是正确分析判断，耕地地力和土壤肥力变化的保证。特别是样品的采集必须能够正确反映样点的土壤肥力变化和土地利用方式的变化。因此，采样点必须布设在利用方式相对稳定、没有特殊干扰的地块，避免各种费调查因素的影响。如蔬菜地的调查，要对新老菜田分别对待，老菜田加大采样点密度，新菜田适当减少布点。

3. 科学性原则

耕地地力的变化以及土壤污染的分布并不是无规律的，是土壤分布规律、污染扩散规律等的综合反映。因此，调查和采样布点上必须按照土壤分布规律布点，不打破土壤图斑的界线；根据污染源的不同设置不同的调查样点。例如，点源污染，要根据污染企业的污染物排放情况布点；面源污染在本区主要是农业内部的污染，可在不同利用年限的典型棉田调查布点；对污染严重的地区适当加大调查采样点的密度。

4. 比较性原则

为了能够反映第二次土壤普查以来的耕地地力和土壤质量的变化，尽可能在第二次土壤普查的取样点上布点。

在上述原则的基础上，调查工作之前充分分析了武强县的土壤分布状况，收集并认真研究了第二次土壤普查的成果以及相关的试验研究和定点监测资料，并且请熟悉全区情况、参加过第二次土壤普查的有关技术人员参加工作。从县土肥站、农技站、蔬菜站等部门抽调熟悉武强县耕地利用和农业生产的人员，在河北省土肥站的指导下，通过野外踏勘和室内图件分析，确定调查和采样点。保证了本次调查和评价的高质完成。

（二）布点方法

1. 大田土样布点方法

按照《耕地地力调查与质量评价技术规程》的要求，平均每个采样点代表面积205亩，根据武强县的基本农田保护区（除蔬菜地）面积，确定采样点总数量在2267个。

为了科学反映土壤分布规律，同时在满足本次调查基本要求下和调查精度的基础上尽量减少调查工作量，技术人员对第二次土壤普查的成果图进行了清理编绘。土壤图斑零碎的局部区域，对土壤图斑进行了整理归并，将土壤母质类型相同、质地相近、土体构型相似的，特别是耕层土壤性状一致，分属不同土种的同一土属的土壤土斑合并成为土属图斑。而对于不同土属包围的土种只要达到上图单元，仍然保留原图斑。土壤图斑适当合并后的土壤图，实际是一张土属和土种复合的新土壤图。

以新的土壤图为基本图件，叠加带有基本农田区信息的土地利用现状图，以不同的土地利用现状界线分割土壤图斑，形成调查和评价单元图。为了与野外调查采样GPS定位相衔接，又在调查评价单元图上叠加了地形图的地理坐标信息。

根据调查和评价单元（图斑）的面积，初步确定每一调查和评价单元（图斑）的采样点数量，采样点尽量均匀并有代表点；根据土壤属性和土地利用方式的一致性，选择典型单元调查采样。

在各评价单元中，根据图斑形状、种植制度、种植作物种类、产量水平等因素的不同，同时考虑单元内部和区域的样点分布的均匀性，确定点位，并落实到单元图上，标注采样编号，确定其地理坐标。点位要尽可能与第二次土壤普查的采样点相一致。

2. 耕地土样布点方法

根据规程每个点代表面积 205 亩的要求，以及武强县耕地面积，确定总采样点数量为 2267 个。野外补充调查，在土地利用现状图的基础上，调查各种作物施肥水平、产量水平、经济效益等。将土壤图、行政区划图和土地利用分布图叠加，形成评价单元。根据评价单元个数以及面积和总采样点数，初步确定各评价单元的采样点数。各评价单元的采土点数和点位确定后，根据土种、利用类型、行政区域等因素，统计各因素点位数。当某一因素点位数过少或过多时，要进行调整，同时要考虑点位的均匀性。

3. 植株样布点方法

植株样点数确定：选择当地 5～10 个主要品种，每个品种采 2～3 个样品。若想重点了解产品污染状况，可选择污染严重的区域采样，适当增加采样点数量。

（三）采样方法

大田土样在作物收获前取样。野外采样田块确定：根据点位图，到点位所在的村庄，首先向农民了解本村的农业生产情况，确定具有代表性的田块，田块面积要求在 1 亩以上，依据田块的准确方位修正点位图上的点位位置，并用 GPS 定位仪进行定位。

调查、取样：向已确定采样田块的户主，按调查表格的内容逐项进行调查填写。在该田块中按旱田 0～20cm 土层采样；采用"X"法、"S"法、棋盘法其中任何一种方法，武强县采用了"S"法，均匀随机采取 15 个采样点，充分混合后，四分法留取 1kg。采样工具用木铲、竹铲、塑料铲、不锈钢土钻等；一袋土样填写两张标签，内外各具。标签主要内容为：样品野外编号（要与大田采样点基本情况调查表和农户调查表相一致）、采样深度、采样地点、采样时间、采样人等。

二、调查内容

在采样的同时，要按《耕地地力调查与质量评价技术规程》要求对样点的立地条件、土壤属性、农田基础设施条件、栽培管理与污染等情况进行详细调查。为了便于分析汇总，样表中所列项目原则上要无一遗漏，并按规定的技术规范来描述。对规程未涉及，但对当地耕地地力评价又起着重要作用的一些因素，可在表中附加，并将相应的填写标准在表后注明。

（一）基本项目

1. 立地条件

经纬度及海拔高度：由 GPS 仪进行测定，经纬度单位统一为"度""分""秒"。

土壤名称：按照全国第二次土壤普查时的连续命名法填写。

潜水埋深：分为深位（＞3～5m）、中位（2～3m）、高位（＜2m）。

潜水水质：依据含盐量（g/L）分为淡水（＜1）、微淡水（1～3）、咸水（3～10）、盐水（10～50）、卤水（＞50）等。

2. 土壤性状调查

土壤质地：指表层质地，按第二次土壤普查规程填写，分为沙土、沙壤土、轻壤土、中壤土、重壤土、黏土 6 级。

土体构型：指不同土层之间的质地构造变化情况。一般可分为薄层型（＜30cm、松散型（通体沙型）、紧实型（通体黏型）、夹层型（夹沙砾型）、夹黏型。夹料姜型等）、上紧下松型（漏沙型）、上松下紧型（蒙金型）、海绵型（通体壤型）等。

耕层厚度：按实际测量确定，单位统一为"厘米（cm）"。

障碍层次及出现深度：主要指沙、黏、砾、卵石、料姜、石灰结核等所发生的层位，应描述出障碍层次的种类及其深度。

障碍层厚度：最好实测，或访问当地群众，或查对土壤普查资料。

盐碱情况：盐碱类型分为苏打盐化、硫酸盐盐化、氯化物盐化、碱化等。盐化程度分为重度、中度、轻度等；碱化程度分为轻度、中度、重度等。

3. 农田设施调查

地面平整度：按大范围地形坡度确定，分为平整（＜3°）、基本平整（3°～5°）。不平整（＞5°）。

灌溉水源类型：分为河流、地下水（深层、浅层）、污水等。

输水方式：分为漫灌、畦灌、沟灌、喷灌等。

灌溉次数：指当年累计的次数。

年灌水量：指当年累计的水量。

灌溉保证率：按实际情况填写。

排涝能力：分为强、中、弱 3 级，即抗 10 年一遇、抗 5～10 年一遇、抗 5 年一遇等。

4. 生产性能与管理调查

家庭人口：以调查户户籍登记为准。

耕地面积：指调查当年该户种植的所有耕地（包括承包地）。

种植（轮作）制度：分为一年一熟、二年三熟、一年三熟等。

作物种类及产量：指调查地块近 3 年主要种植作物及其平均产量。

耕翻方式及深度：指翻耕、深松耕、旋耕、靶地、耱地、中耕等。

秸秆还田情况：分年度填写近 3 年直接还田的秸秆种类、方法、数量。

施肥情况：肥料分为有机肥、氮肥、磷肥、钾肥、复合肥、微肥、叶面肥、微生物肥及其他肥料，写清产品外包装所标识的产品名称、主要成分及生产企业。

农药使用情况：上年度使用的农药品种、用量、次数、时间。

种子品种及来源：已通过国家正式审定（认定）的，要填写正式名称。取得的途径分为自家留种、邻家留种、经营部门（单位或个人）。

生产成本包括：化肥投资、有机肥投资、农药投资、种子等投资以及机械、人工和其他投入。

化肥：当年所收获作物或蔬菜全生育期的化肥投资总和。

有机肥：当年所收获作物或蔬菜的有机肥投资总和。

农药：当年所收获作物或蔬菜的农药投资总和。

农膜：当年所收获作物或蔬菜的农膜投资总和。

种子（种苗）：当年所收获作物或蔬菜的种子（种苗）投资总和。

机械：当年所收获作物或蔬菜的机械投资总和。

人工：当年所收获作物或蔬菜的人工总数。

其他：当年所收获作物或蔬菜的其他投入。

产品销售及收入情况：大田采样点要调查上年度该农户所种植的各种农作物的总产量，每一种农作物的市场价格、销售量、销售收入等。

（二）调查步骤

1. 确定调查单元

用土壤图（土种）与行政区划图以及土地利用现状图叠加产生的图斑作为耕地地力调查的基本单元。对于耕地，每个单元代表面积 205 亩左右，根据本区的基本农田保护区内的耕地面积，确定总评价单元数量为 2267 个。

2. 用 GPS 确定采样点的地理坐标

在选定的调查单元，选择有代表性的地块，用 GPS 确定该采样点的经纬度和高程。

3. 大田调查与取样

（1）选择有代表性的地块，取土样、水样、植株样；

（2）填写大田采样点基本情况调查表；

（3）填写大田采样点农户调查表。

在选定的调查单元，选择有代表性的农户，调查耕作管理、施肥水平、产量水平、种植制度、灌溉等情况，填写调查表格。

4. 调查数据的整理

由野外调查所产生的一级数据（基本调查表），经技术负责人审核后，由专业人员按数据库要求进行编码、整理、录入。

三、确定分析项目与内容

根据《耕地地力调查与质量评价技术规程》的要求，所取土壤样品主要是来自大田作物农田土壤，根据武强县大田作物种植状况，确定土壤样品的重点测试项目有：pH 值、全氮、水解性氮（碱解氮）、有机质、有效磷、速效钾、有效铁、有效锰、有效铜、有效锌、有效硫等。

四、确定技术路线

根据确定的取土点位，把取土人员分成 5 组，每组负责 4 个乡镇，由乡镇技术人员带队，到村与大队干部结合，去取土点取土；确定取土地块的农户，同时对农户进行调查；填写取土点农户基本情况及施肥情况调查表。

第三节　样品分析与质量控制

一、分析项目与方法确定

（一）物理性状

土壤容重：采用环刀法。

（二）化学性状

土壤 pH 值的测定：采用玻璃电极法；

土壤有机质的测定：采用重铬酸钾—硫酸溶液—油浴法；

土壤有效磷的测定：采用钼锑抗比色法（碳酸氢钠提取）；

土壤速效钾的测定：采用火焰光度法（乙酸铵提取）；

土壤全氮的测定：采用凯氏定氮法；

土壤有效性铜、锌、铁、锰的测定：采用原子吸收分光光度法（DTPA 提取）；

土壤有效态硫的测定：采用硫酸钡比浊法（氯化钙提取）；

土壤水解性氮的测定：采用碱解扩散法。

二、分析测试质量控制

（一）实验室基本要求

1. 实验室资格

通过省级（或省级以上）计量认证或通过全国农业技术推广服务中心资格考核。

2. 实验室布局

足够的面积，总体设计合理，每一类分析操作有单独的区域，具备与检测项目相适应的水、电、通风排气、照明、废水及废物处理等设施。

3. 人员

经过培训考核，配备合格的专业技术人员，承担各自相应的检测项目。

4. 仪器设备

与承检项目相适应，其性能和精度满足检测要求。

5. 环境条件

满足承检项目、仪器设备的检测要求。

6. 实验室用水

用离子交换法制备，并符合《分析实验室用水规格和试验办法》（GB/T 6682—2008）的规定。常规检验使用三级水，配制标准溶液用水、特定项目用水应符合二级水要求。

（二）分析质量控制基础实验

1. 全程序空白值测定

全程空白值是指用某一方法测定某物质时，除样品中不合该物质外，整个分析过程中引起的信号值或相应浓度值。每次做 2 个平行样，连测 5 天共得 10 个测定结果，计算批内标准偏差 S_{wb} 按下式计算

$$S_{wb} = \left\{ \sum (X_i - X_平)^2 / m(n-1) \right\}^{1/2}$$

式中：n 为每天测定平均样个数；m 为测定天数。

2. 检出限

检出限是指对某一特定的分析方法在给定的置信水平内可以从样品中检测待测物质的最小浓度或最小量。根据空白测定的批内标准偏差（S_{wb}）按下列公式计算检出限（95% 的置信水平）。

若试样一次测定值与零浓度试样一次测定值有显著性差异时，检出限按下式计算

$$L = 2 \times 2^{1/2} t_f S_{wb}$$

式中：L 为方法检出限；t_f 为显著水平为 0.05（单侧）自由度为 f 的 t 值；S_{wb} 为批内空白值标准偏差；f 为批内自由度，$f = m(n-1)$，m 为重复测定次数，n 为平行测定次数。

原子吸收分析方法中用下式计算检出限，即

$$L = 3 S_{wb}$$

分光光度法以扣除空白值后的吸光值为 0.010 相对应的浓度值为检出限。

由测得的空白值计算出 L 值不应大于分析方法规定的最低检出浓度值，如大于方法规定值时，必须寻找原因降低空白值，重新测定计算直至合格。

3. 校准曲线

标准系列应设置 6 个以上浓度点。

根据一元线性回归方程，即

$$y = a + bx$$

式中：y 为吸光度；x 为待测液浓度；a 为截距；b 为斜率。

校准曲线相关系数应力求 $R \geqslant 0.999$。

校准曲线控制：每批样品皆需做校准曲线；校准曲线要 $R > 0.999$，且有良好重现性；即使校准曲线有良好重现性也不得长期使用；待测液浓度过高时，不能任意外推；大批量分析时，每测 20 个样品也要用一标准液校验，以查仪器灵敏度飘移。

4. 精密度控制

（1）测定率：凡可以进行平行双样分析的项目，每批样品每个项目分析时均须做 10% ~ 15% 平行样品；5 个样品以下时，应增加到 50% 以上。

（2）测定方式：由分析者自行编入的明码平行样，或由质控员在采样现场或实验室编入的密码平行样。二者等效、不必重复。

（3）合格要求：平行双样测定结果的误差在允许误差范围之内者为合格，部分项目允许误差范围参照表 2 - 1。平行双样测定全部不合格者，重新进行平行双样的测定；平行双样测定合格率 <95% 时，除对不合格者重新浊定外，再增加 10% ~ 20% 的测定率，如此累进，直到总合格率为 95%。在批量测定中，普遍应用平行双样实验，其平行测定结果之差为绝对相差；绝对相差除以平行双样结果的平均值即为相对相差。当平行双样测定结果超过允许范围时，应查找原因重新测定。

$$相对相差（T） = |a_1 - a_2| \times 100/0.5(a_1 + a_2)$$

表 2 - 1 平行测定结果允许误差

	含量/ （g/kg）	允许绝对误差 （g/kg）		测定值/ （mg/kg）	允许差值
有机质	< 10 10 ~ 40 40 ~ 70 > 100	≤0.5 ≤1.0 ≤3.0 ≤5.0	有效锌 或有效铜	< 1.50 ≥1.50	绝对差值 ≤0.15mg/kg 相对相差≤10%

续表

全氮	全氮量/（g/kg）	允许绝对误差/（g/kg）	有效锰或有效铁	测定值/（mg/kg）	允许差值
	>1	≤0.05		<15.0	绝对差值≤1.5mg/kg
	1～0.6	≤0.04		≥15.0	相对相差≤10%
	<0.6	≤0.03			
有效磷	测定值/（mg/kg）	允许绝对误差/（mg/kg）	有效硫	测定结果	相对相差≤10%
	<10	绝对差值≤0.5	水解性氮	测定结果	相对相差≤10%
	10～20	绝对差值≤1.0			
	>20	绝对差值≤0.05			
速效钾	测定结果	相对相差≤5%	pH 值	中性、酸性土壤 碱性土壤	允许绝对相差 ≤0.1pH 值单位 ≤0.2pH 值单位

5. 准确度控制

本工作仅在土壤分析中执行。

（1）使用标准样品或质控样品：例行分析中，每批要带测质控平行双样，在测定的精密度合格的前提下，质控样测定值必须落在质控样保证值（在95%的置信水平）范围之内，否则本批结果无效，需重新分析测定。

（2）加标回收率的测定：当选测的项目无标准物质或质控样品时，可用加标回收实验来检查测定准确度。取两份相同的样品，一份加入一已知量的标准物，两份在同一条件下测定其含量，加标的一份所测得的结果减去未加标一份所测得的结果，其差值同加入标准物质的理论值之比即为样品加标回收率。

回收率 = （加标试样测得总量 – 样品含量）×100/加标量

加标率：在一批试样中，随机抽取 10%～20% 试样进行加标回收测定。样品数不足 10 个时，适当增加加标比率。每批同类型试样中，加标试样不应小于 1 个。

加标量：加标量视被测组分的含量而定，含量高的加入被测组分含量的 0.5～1.0 倍，含量低的加 2～3 倍，但加标后被测组分的总量不得超出方法的测定上限。加标浓度宜高，体积应小，不应超过原试样体积的 1%。

合格要注：加标回收率应在允许的范围内，如果要求允许差值为 ±2%，则回收率应在 98%～102%。回收率越接近 100%，说明结果越准确。

6. 实验室间的质量考核

（1）发放已知样品：在进行准备工作期间，为便于各实验室对仪器、基准物质及方法等进行校正，以达到消除系统误差的目的。

（2）发放考核样品：考核样应有统一编号、分析项目、稀释方法、注意事项等。含量由主管掌握，各实验室不知，考核各实验室分析质量，样品应按要求时间内完成。填写考核结果（表 2 - 2，表 2 - 3）。

表 2-2　实验室已知样液测定结果

测定单位：　　　　　　　　　　　　　　　　　　　　　　分析质控负责人：

考核元素	编号	测定日期	测定次数与结果/（mg/kg）						平均值（X）	标准差（S）	相对标准差（%）	全程空白/（mg/kg）	相关系数（R）	方法与仪器
			1	2	3	4	5	6						

测定人：　　　　　　　　　　　　　　　　　　　　室主任：

表 2-3　实验室未知考核样测定结果

测定单位：　　　　　　　　　　　　　　　　　　　　　　分析质控负责人：

考核元素	编号	测定日期	测定次数与结果/（mg/kg）						平均值（X）	标准差（S）	相对标准差（%）	全程空白/（mg/kg）	相关系数（R）	方法与仪器
			1	2	3	4	5	6						

测定人：　　　　　　　　　　　　　　　　　　　　室主任：

7. 异常结果发现时的检查与核对

（1）Grubb's 法：在判断一组数据中是否产生异常值时，可用数理统计法加以处理观察，采用 Grubb's 法。

$$T_{计} = |X_k - X|/S$$

其中，X_k 为怀疑异常值；X 为包括 X_k 在内的一组平均值；S 为包括 X_k 在内的标准差。

根据一组测定结果，从由小到大排列，按上述公式，X_k 可为最大值，也可为最小值。根据计算样本容量 n 查 Grubb's 检验临界值 T_a 表，若 $T_{计} \geq T_{0.01}$，则 X_k 为异常值；若 $T_{计} < T_{0.01}$，则 X_k 不是异常值。

（2）Q 检验法：多次测定一个样品的某一成分，所得测定值中某一值与其他测定值相差很大时，常用 Q 检验法决定取舍。

$$Q = d/R$$

其中，d 为可疑值与最邻近数据的差值；R 为最大值与最小值之差（极差）。

将测定数据由小到大排列，求 R 和 d 值，并计算得 Q 值，查 Q 表，若 $Q_{计算} > Q_{0.01}$，舍去。

第四节 耕地地力评价原理与方法

耕地是土地的精华，是农业生产不可替代的重要生产资料，是保持社会和国民经济可持续发展的重要资源。保护耕地是我们的基本国策之一，因此，及时掌握耕地资源的数量、质量及其变化对于合理规划和利用耕地，切实保护耕地有十分重要的意义。在全面的野外调查和室内化验分析，获取大量耕地地力相关信息的基础上，进行了耕地地力综合评价，评价结果对于全面了解武强县耕地地力的现状及问题、耕地资源的高效和可持续利用提供了重要的科学依据，为县域耕地地力综合评价提供了技术模式。

一、耕地地力评价原理

（一）评价的原则

耕地地力就是耕地的生产能力，是在一定区域内一定的土壤类型上，耕地的土壤理化性状、所处自然环境条件、农田基础设施及耕作施肥管理水平等因素的总和。根据评价的目的要求，在武强县耕地地力评价中，我们遵循的是以下基本原则。

1. 综合因素研究与主导因素分析相结合原则

土地是一个自然经济综合体，是人们利用的对象，对土地质量的鉴定涉及自然和社会经济多个方面，耕地地力也是各类要素的综合体现。所谓综合因素研究是指对地形地貌、土壤理化性状、相关社会经济因素进行全面的分析、研究与评价，以全面了解耕地地力状况。主导因素是指对耕地地力起决定作用的、相对稳定的因子，在评价中要着重对其进行研究分析。因此，把综合因素与主导因素结合起来进行评价，则可以对耕地地力做出科学准确的评定。

2. 共性评价与专题研究相结合原则

武强县耕地利用存在菜地、农田等多种类型，土壤理化性状、环境条件、管理水平等不一，因此耕地地力水平有较大的差异。一方面，考虑区域内耕地地力的系统、可比性，针对不同的耕地利用等状况，选用的统一的、共同的评价指标和标准，即耕地地力的评价不针对某一特定的利用类型；另一方面，为了了解不同利用类型的耕地地力状况及其内部的差异情况，对有代表性的主要类型如蔬菜地等进行专题的深入研究。这样，共性的评价与专题研究相结合，使整个的评价和研究具有更大的应用价值。

3. 定量和定性相结合原则

土地系统是一个复杂的灰色系统，定量和定性要素共存，相互作用，相互影响。因此，为了保证评价结果的客观合理，宜采用定量和定性评价相结合的方法。在总体上，为了保证评价结果的客观合理，尽量采用定量评价方法，对可定量化的评价因子如有机质等养分含量、土层厚度等按其数值参与计算，对非数量化的定性因子如土壤表层质地、土体构型等则进行量化处理，确定其相应的指数，并建立评价数据库，用计算机进行运算和处理，尽力避免人为随意性因素影响。在评价因素筛选、权重确定、评价标准、等级确定等评价过程中，尽量采用定量化的数学模型，在此基础上则充分运用人工智能和专家知识，对评价的中间过程和评价结果进行必要的定性调整，定量与定性相结合，选取的评价因素在时间序列上具有相对的稳定性，如土壤的质地、有机质含量等，从而保证了评价结果的准确合理，使评价的结果能够有较长的有效期。

4. 采用 GIS 支持的自动化评价方法原则

自动化、定量化的土地评价技术是当前土地评价的重要方向之一。近年来，随着计算机技术，特别是 GIS 技术在土地评价中的不断应用和发展，基于 GIS 的自动化评价方法已不断成熟，使土地评价的精度和效率大大提高。本次的耕地地力评价工作将通过数据库建立、评价模型及其与 GIS 空间叠加等分析模型的结合，实现了全数字化、自动化的评价流程，在一定的程度上代表了当前土地评价的最新技术方法。

（二）评价的依据

耕地地力是耕地本身的生产能力，因此耕地地力的评价则依据与此相关的各类自然和社会经济要素，具体包括 3 个方面。

第一，耕地地力的自然环境要素，包括耕地所处的地形地貌条件、水文地质条件、成土母质条件等。

第二，耕地地力的土壤理化要素，包括土壤剖面与土体构型、耕层厚度、质地、容重、障碍因素等物理性状，有机质、N、P、K 等主要养分、微量元素、pH 值、交换量等化学性状等。

第三，耕地地力的农田基础设施条件，包括耕地的灌排条件、水土保持工程建设、培肥管理条件等。

（三）评价指标

为做好武强县耕地地力调查工作，经过研讨确定了指标的选取、量化以及评价方法；认为耕地地力主要受成土母质、地下水、微地貌等多种因素的影响，不同地下水埋深及矿化度、不同母质发育的土壤，耕地地力差异较大，各项指标对地力贡献的份额在不同地块也有较大的差别，并对每一个指标的名称、释义、量纲、上下限给出准确的定义并制定了规范。在全国共用的 55 项指标体系框架中，选取了包括障碍因素及土壤管理、土壤理化性状、土壤养分状况（大量）、土壤养分状况（中微量）3 大类共 6 个指标，作为耕地地力评价指标体系（见表 2－4）。

表 2－4　武强县耕地地力评价指标体系

评价因子		分级界点值								
养分状况大量	有效磷/（mg/kg）	指标	50	40	30	20	10	5	3	1	< 1
		评估值	1	0.9	0.8	0.7	0.6	0.5	0.3	0.1	0
	速效钾/（mg/kg）	指标	200	160	120	100	60	40	30	< 5	
		评估值	1	0.9	0.8	0.7	0.6	0.5	0.4	0	

评价因子			分级界点值							
理化性状	有机质/（g/kg）	评估值	30	26	22	18	14	10	6	< 3
		指标	1	0.9	0.8	0.7	0.6	0.5	0.4	0
	质地	评估值	轻壤土	中壤土	重壤土	轻黏土	沙壤土		松沙土	
		指标	0.9	1	0.8	0.8	0.4		0.1	
障碍因素及土壤管理	障碍层类型	指标	沙砾层	盐积层	无					
		评估值	0.3	0.5	1					
	灌溉条件	指标	很好	好	一般	较差	差		很差	
		评估值	1	0.9	0.7	0.5	0.3		0.1	

注：评估值应 > 0，并且 ≤ 1。

二、耕地地力评价方法

评价方法分为单因子指数法和综合指数法。单因素评价模型采用模糊评价法、层次分析法，综合指数评价模型用聚类分析法、累加模型法等。

（一）模糊评价法

模糊数学的概念与方法在农业系统数量化研究中得到广泛的应用。模糊子集、隶属函数与隶属度是模糊数学的 3 个重要概念。一个模糊性概念就是一个模糊子集，模糊子集 A 的取值自 0 ~ 1 中间的任一数值（包括两端的 0 与 1）。隶属度是元素 χ 符合这个模糊性概念的程度。完全符合时隶属度为 1，完全不符合时为 0，部分符合即取 0 ~ 1 一个中间值。隶属函数 $\mu_A(\chi)$ 是表示元素 χ_i 与隶属度 μ_i 之间的解析函数。根据隶属函数，对于每个 χ_i 都可以算出其对应的隶属度 μ_i。

应用模糊子集、隶属函数与隶属度的概念，可以将农业系统中大量模糊性的定性概念转化为定量的表示。对不同类型的模糊子集，可以建立不同类型的隶属函数关系。

在这次土壤质量评价中，我们根据模糊数学的理论，将选定的评价指标与耕地生产能力的关系分为戒上型函数、戒下型函数、峰型函数、直线型函数以及概念型 5 种类型的隶属函数。对于前 4 种类型，可以用特尔菲法对一组实测值评估出相应的一组隶属度，并根据这两组数据拟合隶属函数，也可以根据唯一差异原则，用田间试验的方法获得测试值与耕地生产能力的一组数据，用这组数据直接拟合隶属函数（见表 2 - 5）。鉴于质地对耕地其他指标的影响，有机质、阳离子代换量、速效钾等指标应按不同质地类型分别拟合隶属函数。

表 2 - 5 武强县要素类型及其隶属度函数模型

指标类型	函数类型	函数公式	c	u_t
有机质	戒上型	$y = 1 / [1 + 0.001968 (x - c)^2]$	33.01	< 3

指标类型	函数类型	函数公式	c	u_t
速效钾	戒上型	$y=1/\left[1+0.000038\left(x-c\right)^2\right]$	205.11	<10
有效磷	戒上型	$y=1/\left[1+0.000951\left(x-c\right)^2\right]$	45.17	<1

通过专家评估、隶属函数拟合以及充分考虑土壤特征与植物生长发育的关系，赋予不同肥力因素以相应的分值，得到武强县耕地生产能力评价指标的隶属度（见表 2-6）。

表 2-6　武强县耕地生产能力评价指标的隶属度

土壤有机质含量/（g/kg）							
指标	≥30	26	22	18	14	10	6	<5
专家评估值	1	0.9	0.8	0.7	0.6	0.5	0.4	0

土壤速效钾含量/（mg/kg）							
指标	≥200	160	120	100	60	50	40	30	<5
专家评估值	1	0.9	0.8	0.7	0.6	0.55	0.5	0.4	0

土壤有效磷含量/（mg/kg）							
指标	≥50	40	30	20	10	5	3	1	<1
专家评估值	1	0.9	0.8	0.7	0.6	0.5	0.3	0.1	0

土壤质地					
指标	轻壤质	中壤质	重壤质	轻黏质	沙壤质	松沙土
专家评估值	0.9	1	0.8	0.8	0.4	0.1

灌溉条件					
指标	很好	好	一般	较差	差	很差
专家评估值	1	0.9	0.7	0.5	0.3	0.1

障碍层类型		
指标	中盐	轻盐	无
专家评估值	0.3	0.5	1

（二）单因素权重：层次分析法

层次分析方法的基本原理是把复杂问题中的各个因素按照相互之间的隶属关系从高到低的排成若干层次，根据对一定客观现实的判断，就同一层次相对重要性相互比较的结果，决定层次各元素重要性先后次序。这一方法在耕地地力评价中主要用来确定参评因素的权重。

1. 确定指标体系及构造层次结构

我们从河北省指标体系框架中选择了 7 个要素作为武强县耕地地力评价的指标。

2. 农业科学家的数量化评估

请专家进行同一层次各因素对上一层次的相对重要性比较，给出数量化的评估。专家们评估的初步结果经过合适的数学处理后（包括实际计算的最终结果——组合权重）反馈给各位专家，请专家重新修改或确认。经多轮反复形成最终的判断矩阵。

3. 判别矩阵计算

（1）层次分析计算：目标层判别矩阵原始资料。

= = = = = = = = = 层次分析报告 = = = = = = = = =

模型名称：武强县耕地地力评价

计算时间：2011－8－2 7：40：36

目标层判别矩阵原始资料：

1.0000	0.3333	0.2000	0.1667
3.0000	1.0000	0.3333	0.2500
5.0000	3.0000	1.0000	0.5000
6.0000	4.0000	2.0000	1.0000

特征向量：[0.0626，0.1362，0.3093，0.4919]

最大特征根为：4.0797

$CI = 2.65561793946387E-02$

$RI = .9$

$CR = CI/RI = 0.02950687 < 0.1$

一致性检验通过！

准则层（1）判别矩阵原始资料：

1.0000	0.3333	0.2000
3.0000	1.0000	0.3333
5.0000	3.0000	1.0000

特征向量：[0.1062，0.2605，0.6334]

最大特征根为：3.0387

$CI = 1.93299118314012E-02$

$RI = .58$

$CR = CI/RI = 0.03332743 < 0.1$

一致性检验通过！

准则层（2）判别矩阵原始资料：

1.0000	0.3333
3.0000	1.0000

特征向量：[0.2500，0.7500]

最大特征根为：1.9999

$CI = -5.00012500623814E-05$

$RI = 0$

$CR = CI/RI = 0.00000000 < 0.1$

一致性检验通过！

准则层（3）判别矩阵原始资料：

1.0000	0.4000
2.5000	1.0000

特征向量：[0.2857, 0.7143]

最大特征根为：2.0000

CI = -2.22044604925031E-16

RI = 0

CR = CI/RI = 0.00000000 < 0.1

一致性检验通过！

准则层（4）判别矩阵原始资料：

1.0000	0.6667
1.5000	1.0000

特征向量：[0.4000, 0.6000]

最大特征根为：2.0000

CI = 2.49996875076874E-05

RI = 0

CR = CI/RI = 0.00000000 < 0.1

一致性检验通过！

层次总排序一致性检验：

CI = 1.21476575490635E-03

RI = 3.62847325342703E-02

CR = CI/RI = 0.03347870 < 0.1

总排序一致性检验通过！

层次分析结果表

==

层次 C

层次 A	养分状况	养分状况	理化性状	剖面性状及	组合权重
0.0626	0.1362	0.3093	0.4919	$\sum C_i A_i$	
有效磷		0.2500			0.0340
速效钾		0.7500			0.1021
有机质			0.2857		0.0884
质地			0.7143		0.2209
质地构型				0.4000	0.1968
灌溉条件				0.6000	0.2952

==

本报告由《县域耕地资源管理信息系统 V3.2》分析提供。

（2）单因素评价评语：通过田间调查及征求有关专家意见，对武强县的评价因素进行了量化打分，对数量型因素进行了隶属函数拟合，拟合结果如下。

土壤有机质：

$$y = 1 / \left[1 + 0.001968 \ (x - c)^2 \right], \ c = 33.01, \ u_t < 3$$

土壤有效磷：

$$y = 1 / \left[1 + 0.000951 \ (x - c)^2 \right], \ c = 45.1726, \ u_t < 1$$

土壤速效钾：

$$y = 1 / \left[1 + 0.000038 \ (x - c)^2 \right], \ c = 205.114, \ u_t < 10$$

灌溉条件：

$$y = 1 / \left[1 + 0.23919 \ (x - c)^2 \right], \ c = 2.0512, \ u_t < 0.1$$

土壤质地：

$$y = 1 / \left[1 + 0.005812 \ (x - c)^2 \right], \ c = 17.36, \ u_t < 0.1$$

第五节　耕地资源管理信息系统的建立与应用

一、耕地资源管理系统息系统的总体设计

（一）系统任务

耕地质量管理信息系统的任务在于应用计算机及 GIS 技术、遥感技术，存储、分析和管理耕地地力信息，定量化、自动化地完成耕地地力评价流程，提高耕地资源管理的水平，为耕地资源的高效、可持续利用奠定基础。

（二）系统功能

结合当前的耕地地力分析管理需求，耕地地力分析管理系统应具备的功能为：

1. 多种形式的耕地地力要素信息的输入输出功能

支持数字、矢量图形、图像等多种形式的信息输入与输出。主要有：

统计资料形式：如耕地地力各要素调查分析数据、社会经济统计数据等；

图形形式：不同时期、不同比例尺的地貌、土壤、土地利用等耕地地力相关专题图等；

图像形式：包括耕地利用实地景观图片、遥感图像等。遥感图像又包括卫（航）片和数字图像两种形式；

文献形式：如土壤调查报告、耕地利用专题报告等；

其他形式：其他介质存贮的其他系统数据等。

2. 耕地地力信息的存储及管理功能

存储各类耕地地力信息，实现图形与相应属性信息的连接，进行各类信息的查询及检索。完成统计数据的查询、检索、修改、删除、更新，图形数据的空间查询、检索、显示、数据转换、图幅拼接、坐标转换以及图像信息的显示与处理等。

3. 多途径的耕地地力分析功能

包括对调查分析数据的统计分析、矢量图形的叠加等空间分析和遥感信息处理分析等功能。

4. 定量化、自动化的耕地地力评价

通过定量化的评价模型与 GIS 的连接，实现从信息输入、评价过程，到评价结果输出的定量化、自动化的耕地地力评价流程。

（三）系统功能模块

采用模块化结构设计，将整个系统按功能逐步由上而下、从抽象到具体，逐层次的分解为具有相对独立功能、又具有一定联系的模块，每一模块可用简便的程序实现具体的、特定功能。各模块可独立运行使用，实现相应的功能，并可根据需要进行方便的连接和删除，从而形成多层次的模块结构，系统模块结构如图 2-1 所示。

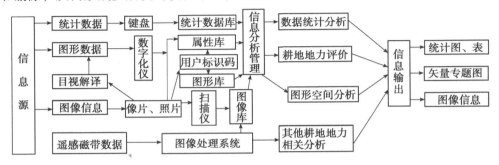

图 2-1 武强县耕地资源管理系统模块结构图

输入输出模块：完成各类信息的输入及输出。

耕地地力评价模块：完成评价单元划分、参评因素提取及权重确定、评价分等定级等过程，支持进行耕地地力评价。

统计分析模块：完成耕地地力调查统计数据的各种分析。

空间分析模块：对耕地地力及其相关矢量专题图进行分析管理，完成坐标转换、空间信息查询检索、叠加分析等工作。

遥感分析模块：进行遥感图像的几何校正、增强处理、图像分类、差值图像等处理，完成土地利用及其动态、耕地地力信息的遥感分析。

（四）系统应用模型

系统包括评价单元划分、参评因素选取、权重确定及耕地地力等级确定的各类应用模型，支持完成定量化、自动化的整个耕地地力评价过程（见图 2-2），具体的应用模型为评价单元的划分及评价数据提取模型。

评价单元是土地评价的基本单元，评价单元的划分有以土壤类型、土地利用类型等多种方法，但应用较多的是以地貌类型—土壤类型—植被（利用）类型的组合划分方法，耕地地力分析管理系统中耕地地力评价单元的划分采用叠加分析模型，通过土壤、土地利用等图幅的叠加自动生成评价单元图。

评价数据的提取是根据数据源的形式采用相应的提取方法，一是采用叠加分析模型，通过评价单元图与各评价因素图的叠加分析，从各专题图上提取评价数据；二是通过复合模型将土地调查点与评价单元图复合，从各调查点相应的调查、分析数据中提取各评价单元信息。

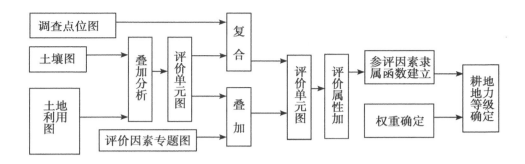

图 2-2 耕地地力评价计算机流程图

二、资料收集与整理

耕地地力评价是以耕地的各性状要素为基础，因此必须广泛地收集与评价有关的各类自然和社会经济因素资料，为评价工作做好数据的准备。本次耕地地力评价我们收集获取的资料主要包括以下几个方面。

（一）野外调查资料

按野外调查点获取，主要包括地形地貌、土壤母质、水文、土层厚度、表层质地、耕地利用现状、灌排条件、作物长势产量、管理措施水平等。

（二）室内化验分析资料

包括有机质、全氮、速效氮、全磷、速效磷、速效钾等大量养分含量，钙、镁、硫、硅等中量元素含量，有效锌、有效硼、有效钼、有效铜、有效铁、有效锰等微量养分含量，以及 pH 值、土壤污染元素含量等。

（三）社会经济统计资料

以行政区划为基本单位的人口、土地面积、作物及蔬菜瓜果面积，以及各类投入产出等社会经济指标数据。

（四）基础图件及专题图件资料

1：50000 比例尺地形图、行政区划图、土地利用现状图、地貌图、土壤图等。

（五）遥感资料

为了更加客观准确地获取武强县耕地的利用及地力状况，我们专门订购了 2002 年春季的陆地卫星 TM 数字图像，通过数字遥感图像分析，更新土地利用图，准确确定耕地空间分布，并根据作物长势分析耕地地力状况。

三、属性数据库建立

获取的评价资料可以分为定量和定性资料两大部分，为了采用定量化的评价方法和自动化的评价手段，减少人为因素的影响，需要对其中的定性因素进行定量化处理，根据因素的级别状况赋予其相应的分值或数值，采用 Microsoft Access 等常规数据库管理软件，以调查点为基本数据库记录，以各耕地地力性状要素数据为基本字段，建立耕地地力基础属性信息数据库，应用该数据库进行耕地地力性状的统计分析，它是耕地地力管理的重要基础数据。

此外，对于土壤养分因素，例如，有机质、氮、磷、钾、锌、硼、钼等养分数据，首先按照野外实际调查点进行整理，建立以各养分为字段，以调查点为记录的数据库，之后，进行土壤采样点位图与分析数据库的连接，在此基础上对各养分数据进行自动的插值处理，经编辑，自动生成各土壤养分专题图层。将扫描矢量化及插值等处理生成的各类专题图件，在 ARCINFO 软件的支持下，以点、线、区文件的形式进行存储和管理，同时将所有图件统一转换到相同的地理坐标系统，进行图件的叠加等空间操作，各专题图的图斑属性信息通过键盘交互式输入，构成基本专题图的图形数据库。图形库与基础属性库之间通过调查点相互连接。

四、空间数据库的建立

采用图件扫描后屏幕数字化的方法建立空间数据库。图件扫描的分辨率为 300dpi，彩色图用 24 位真彩，单色图用黑白格式。数字化图件包括土地利用现状图、土壤图、地貌类型图、行政区划图等。

数字化软件统一采用 ARCINFO，坐标系为 1954 北京大地坐标系，比例尺为 1∶50000。

具体矢量化过程为：首先在 ARCINFO 的投影变换子系统中建立相应地区的相同比例尺的标准图幅框，在配准子系统中将扫描后的各栅格图与标准图框进行配准。在输入编辑子系统中采用手动、自动、半自动的方法跟踪图形要素完成数字化工作。生成点文件，线文件与多边形文件。其中多边形文件的建立要经过多次错误检查与建立拓扑关系。

五、耕地资源管理信息系统的建立与应用

（一）信息的处理

数据分类及编码是对系统信息进行统一而有效管理的重要依据和手段，为便于耕地地力信息的存储、分析和管理，实现系统数据的输入、存储、更新、检索查询、运算，以及系统间数据的交换和共享，需要对各种数据进行分类和编码。

目前，对于耕地地力分析与管理系统数据尚没有统一的分类和编码标准，我们在武强县系统数据库建立中则主要借鉴了相关的已有分类编码标准。如土壤类型的分类和编码，以及有关土壤养分的级别划分和编码，主要依据第二次土壤普查的有关标准。土地利用类型的划分则采用由全国农业区划委员会制定的，土地资源详查的划分标准。其他如耕地地力评价结果、文件的统一命名等则考虑应用和管理的方便，制定了统一的规范，为信息的交换和共享提供了接口。

（二）信息的输入及管理

1. 图形数据的入库与管理

（1）数据整理与输入：为保证数据输入的准确快速，需进行数据输入前的整理。首先需对专题图件进行精确性、完整性、现势性的分析，在此基础上对专题地图的有关

内容进行分层处理，根据系统设计要求选取入库要素。图形信息的输入可采用手扶跟踪数字化或扫描矢量化方法，相应的属性数据采用键盘录入。

（2）图形编辑及属性数据联接：数字化的几何图形可能存在悬挂线段、多边形标识点错误和小多边形等错误，利用 ARCINFO 提供的点、线和区属性编辑修改工具，可进行图面的编辑修改、制图综合。对于图层中的每个图形单元均有一个标志码来唯一确定，它既存在位置数据中，又存放在相应的属性文件中，作为属性表的一个关键字段，由此将空间数据和属性数据联接在一起。可分别在数字化过程中以及图形编辑中完成图形标志码的输入，对应标志码添加属性数据信息。

（3）坐标变换与图形拼接：GIS 空间分析功能的实现要求数据库中的地理信息以相同的坐标为基础。地图的坐标系来源于地图投影，我国基本比例尺地图，比例尺大于 1：500000 地图采用高斯—克吕格投影，1：1000000 地图采用等角圆锥投影。比例尺大于 1：100000 地图则以经纬线作其图廓，以方里网注记。经扫描或数字化仪数字化产生的坐标是一个随机的平面坐标系，不能满足空间分析操作的要求，应转换为统一的大地经纬坐标或方里网实地坐标。应用软件提供的坐标转换等功能实现坐标的转换及误差的消除。

由于研究区域范围以及比例尺的关系，整个研究区地图可能分为多幅，从而需要进行图幅的拼接。一方面，图幅的拼接可以在扫描矢量化以前，进行扫描图像间的拼接；另一方面，则在矢量化以后根据地物坐标进行图形的拼接。

（4）图形信息的管理：经过对图形信息的输入和处理，分别建立了相应的图形库和属性库。ARCINFO 软件通过点、线和区文件的形式实现对图形的存储管理，可采用 Excel、Foxpro 等直接进行其相应属性数据的操作管理，使操作更加方便和灵活。

2. 统计数据的建库管理

对统计数据内容进行分类，考虑系统有关模块使用统计数据的方便，按照 Microsoft Access 等建库要求建立数据库结构，键盘录入各类统计数据，进行统一的管理。

3. 图像信息的建库管理

以遥感图像分析处理软件 ENVI 进行管理，该软件具有图像的输入输出、纠正处理、增强处理、图像分类等各种功能，其分析处理结果可以转为 BMP、JPG、TIF 等普通图像格式，由此可通过 PHOTOSHOP 等与其他景观照片等图像进行统一管理，建立图像库。

（三）系统软硬件及界面设计

1. 系统硬件

根据耕地地力分析管理的需要，耕地地力分析管理系统的基本硬件配置为：高档微机、数字化仪（A0）、喷墨绘图仪（A0）、扫描仪（A0）、打印机等（见图2－4）。

2. 系统软件

耕地地力分析管理理系统的基本操作系统为 Windows2000 或 WindowsXP 系统。考虑基层应用的方便及系统应用，所采用的通用地理信息系统平台是目前应用较为广泛的 ARCGIS，该软件可以满足耕地地力分析及管理的基本需要，且为汉化界面，人机友好。主要利用 ARCGIS 有关模块实现对空间图形的输入输出、管理、完成有关空间分析操

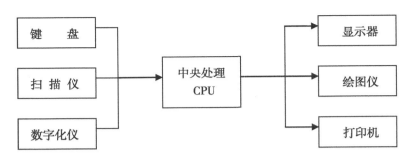

图 2 - 4　耕地地力分析管理系统的基本硬件配置

作。遥感图像分析管理采用图像处理 ENVI 软件，完成各类遥感影像的分析处理。采用 VB 语言和 . NET 语言等编制系统各类应用模型，设计完成系统界面。以数据库管理软件 Microsoft Access 等进行调查统计数据的管理。

3. 系统界面设计

界面是系统与用户间的桥梁。具有美观、灵活和易于理解、操作的界面，对于提高用户使用系统工作效率，充分发挥系统功能有很大作用。耕地地力分析管理系统界面根据系统多层次的模块化结构，主要采用 VB 语言设计编写，以 Windows 为界面。为便于系统的结果演示，则将 VB 与 MO（Map Object）结合，直接调用和查询显示耕地地力的各类分析结果，通过菜单操作完成系统的各种功能。

第三章　耕地土壤的立地条件与农田基础设施

第一节　耕地土壤的立地条件

一、地形地貌特点

武强县位于衡水市北部，属黑龙港流域，地貌几经沧桑。远古为茫茫大海，距今约4亿年后水落石出，地面间歇性下沉，海水时走时来，海陆交替。后来古黄河、海河、滦河从西部和北部山地滚滚流出，挟带着大量泥沙，形成冲积扇，并不断积淤形成冲积平原。县境地势开阔平坦，自西向东缓缓倾斜，地面坡度小于1°，地形呈西部高、东部北部低。海拔高度在14.2~18.7m，平均在15.5m左右。纵坡降在1/5000~1/7000。主要地貌类型包括浅平洼地和缓斜平地。

（一）浅平洼地

浅平洼地是武强县主要的地貌类型，遍布武强县大部，占土壤面积的48.5%；为武强县多条河流交汇地带，土质为类静水沉积的致密黏土，土体深层有胶泥层，表层为重壤质或中壤质。

（二）缓斜平地

此地貌类型占武强县土壤面积的35.6%。多为武强县河流流经地带，系河水泥沙冲积而成，冲积物为轻壤质或中壤质，主体深层有底黏或底沙。

二、成土母质类型

武强县成土母质主要是古漳河、滹沱河及其支流的冲积物。在漫长的历史年代里，由于先后受黄河、漳河、滹沱河的冲刷和交错沉积，深层土壤垂直排列变化较大。而近代主要受漳河漫流影响，冲积物较细。所以大部位黏质沉积。土壤颜色呈灰棕色或褐棕色，具有典型的石灰岩母质土壤特征。主要母质类型有河流冲积母质和河流沉淤积母质两种。

（一）河流冲积母质

河流冲积母质主要分布在古黄河、古漳河和滹沱河故道地貌及较低的阶地，由河水携带大量泥沙穿越并流经武强县冲积而成，土质多为轻壤质或中壤质。

（二）河流沉淤积母质

漳河水上游流经石灰岩，石英岩区，引来太行山的大量泥土淤积武强县，形成黏质沉积。

三、水资源、水文状况及分布

武强县境内天然河有滏阳河、龙治河两条，人工河有滏阳新河一条，主要排洪渠有朱家河、滏东排河、留楚排干、天平沟等17条。水资源包括地表水和地下水两部分。

（一）地表水资源状况

武强县地表水主要来源于大气降水、石津渠供水及各河渠过境水。

（1）自产径流：主要是大气降水所产径流。武强县多年平均径流深度为25mm，丰水年41.3mm，平水年12.3mm，偏枯年3mm。多年平均年自产径流量1128万立方米，丰水年1863万立方米，平水年555万立方米，偏枯年135万立方米。

（2）石津渠供水：石津渠供水是武强县水资源的组成部分，供水数量、时间因黄壁庄水库蓄水量而异。1966～1980年，平均年来水量894万立方米，最多年份为1979年，来水量3761万立方米；最少年份为1968年，来水量43万立方米。

（3）河渠客水：河渠客水由滏东排河、滏阳河及滏阳新河、新朱家河、天平沟、留楚排干等河渠上游流经境内的客水组成。多年来，平均年入境量48975万立方米，其中滏东排河平均年入境量48975万立方米；滏东排沙平均年入境量6077万立方米；滏阳新河年均入境量15064万立方米；滏阳河年均入境量26492万立方米；新朱家河年均入境量29万立方米；天平沟年均入境量862万立方米；留楚排干年均入境量326万立方米。

各河渠客水量历年相差悬殊，而且径流量均集中在汛期（6～9月），冬春无水或少水。尤其是近些年来，河道上游逐年增建闸库栏蓄地表水，各河渠来水量逐年减少，绝大部分河道只有汛期的排洪功能，成为季节性河流。

（二）地下水资源，水文状况及分布。

武强县浅层淡水、咸水和深层淡水皆有分布。咸水下界面埋深中部较浅，一般为40～50m；南北西部较深，一般为50～60m，局部为80m。

浅层淡水较发育，为武强县开发利用的主要水资源，每年平均补给量4619.6万立方米，年可开采量3696万立方米，分布面积279km²，占武强县总面积的61.68%，多为片状。根据浅层淡水埋藏地层的水文条件，可将武强县划分为3个区。

（1）浅层淡水较发育区：面积121.5km²，位于沧石公路两侧，包括原郭庄乡、武强镇、西五祖寺乡、周窝乡大部分及北代、孙庄乡的南部、小范镇的西部、马头乡东部、留贯乡北部。区内浅层淡水底板埋深5～10m的3.5km²，10～20m的16km²，超过20m的102km²。含水沙层颗粒较粗，以细沙河粉细沙为主，沙层累计厚度一般6～12m，单位涌水量为2～10t/h·m，矿化度一般0.5～1.5g/L。

（2）浅层淡水中等发育区：自西南向东北条带状分布，面积88.5km²。位于原沧石公路以南，包括原豆村乡、台南、刘厂乡大部及周窝、留贯乡的南部。底板埋深5～10m的20.5km²，10～20m的54.5km²，20m以上的13.5km²。含水层一般以粉细沙为主，沙层累计厚度一般2～9m。单位涌水量2～8t/h·m，矿化度1～2g/L。

（3）浅层淡水发育较差区：面积 69km²，位于原沧石公路以北，包括原合立、沙洼乡全部，孙庄乡的西北部、马头乡西部、呈窄条、片岛状分布。底板埋深 5～10m 的 57km²，10～20m 的 6.5km²，20m 以上的 5.5km²。含水层以粉细沙为主，沙层累计厚度一般在 1.5～5m，单位涌水量 2～5t/h·m，矿化度 1.5～2g/L。

四、地质状况

武强县西部和东部分属华北断坳中的冀中台陷和沧县台拱，以沧西断裂为界，断裂以西属冀中台陷中的一级构造－饶阳断凹，断裂以东为沧县台拱上的次一级构造－献县断凸之西部。县境域内断裂较发育，多呈近南北或近东西向，主要有沧西断裂，留路断层，虎北断层和孙虎断层。另有一些近南北，北西向的小断层。

武强县地层为巨厚的新生界碎屑沉积物覆盖，前第三系基岩分布及埋深明显地受断裂控制和影响，基岩地层分布具有西老东新，东部埋藏浅、西部埋藏深的特点，并缺失上古元界，中生界地层，老第三系直接覆盖于下古生界或元古界地层之上。从老至新地层划为：①元古界，主要为海相碳酸盐岩夹少量碎岩沉积；②古生界，为海相碳酸盐岩沉积；③新生界，除缺失古新统外，从始新流到全新统，地质发育齐全，或因类型复杂，地层连续，堆积厚度大，以河湖相碎屑堆积为主，总厚度 1500～7800m。其中，第三系厚度 1000～7300m，下第三系为重要的含油及天然气岩系，具有多个生油和盖油组合。主要由粉沙岩、细沙岩和泥岩组成，夹数层油页岩、灰岩、石膏岩，局部夹火山岩和煤岩，上第三系主要由河湖相沙岩、泥岩组成，夹少量沙砾石，局部夹火山岩。第四系厚度较大，440～510m，或因类型复杂，主要为河流冲洪积、湖积的黏土、亚黏土、亚沙土、沙层组成。

自第三系以来，构造运动较频繁。一直处于振荡性不均衡下降状态，故形成厚度较大的堆积物，拗陷区厚，隆起区薄，第三系地层由于受长期地质作用，大部分已密实岩化。晚第三系直到第四系间，地壳运动以下降为主，大规模地覆盖了深厚的第四系松散沉积物。进入第四系，特别是中更新晚期以来，非稳定性矿物增加和碳酸钙富集，开始出现了易溶盐集聚的环境，草本植物数量大增，沉积物中普遍出现溶盐的咸水，致使大量的盐碱地出现。

第二节　农田基础设施

一、农田排灌系统

武强县地处"九河下梢"，地势低洼，历史上洪涝灾害多有发生，为了变水害为水利，在多年的治水中坚持排灌结合，少则蓄、多则排，蓄以抗旱，排队除涝的原则，到 1985 年，在武强县 17 条骨干河渠、64 条支渠上共建扬水站点 154 个、闸涵 30 个，主要解决局部的排沥及灌溉。

武强县境内有滏阳河、龙治河两条天然河及滏阳河及其支流洪水的人工河——滏阳新河。滏阳河也是泄洪河道，境内长度 22.5km，龙治河是排水河道，境内长 19.2km，它与南孙庄排干，新朱家河、刘厂排支组成龙治河排水系统，总长 36.3km，控制面积 71km²。龙治河排水系统与天平沟系统、留楚排干系统、路南排干系统、夹道排水系统及滏东排河系统构成武强县内 6 大排水系统。其中，天平沟排水系统有 5 条主干支渠，总长 39km，控制面积 159.3km²；留楚排干系统有 7 条主干渠道，总长 81.2km，控制面积 234.4km²；夹道排水系统主干渠为夹道排水沟，境内总长 9.3km，控制面积 48km²；滏东排河系统主干渠为滏东排河，流经县境东南隅，境内长度仅为 2.97km。各主干支渠排水分别汇入系统内的骨干渠，如天平沟、留楚排干、龙治河路南排干等，最后注入滏阳河。

农业灌溉在武强县原有井灌区和引水灌溉区两部分，但 1986 年后由于地处石津渠及滏阳河引水渠道的下游，使原来的引水灌溉区——滏阳河两侧及县西南部地区来水量小且均无保证，因此，这些地区的农业灌溉只能改以井溉为主来补充引水的不足。总而言之，近几年来武强县农业灌溉基本上是以井溉为主。到 2010 年年底，武强县拥有机井 3505 眼，井溉面积 344610 亩，占农业耕地面积的 80%。

二、农田配套系统设施

（一）农业机械

到 2014 年，武强县农用机械总动力达到 52.9 万千瓦。其中，柴油发动机 46.1 万千瓦，汽油发动机 1150kW，电动机 66750kW。大中型拖拉机 920 台，小型拖拉机 12800 台，大中型拖拉机配套农具 1925 台，小型拖拉机配套农具 1000 台，农用排灌电动机 2880 台，农用排灌柴油机 8110 台，农用水泵 15 台，节水灌溉机械 150 套。收获机械中，联合收割机 1000 台，机动脱粒机 1200 台。

农机作业水平方面，2014 年机耕面积 470490 亩，机播面积 734985 亩，机收面积 439995 亩。

从耕翻整地、播种，再到收获环节上，小麦、玉米基本实现了农业机械化。农业机械化水平的提高，也促进了农机新技术的广泛推广和应用，从 2003 年开始，全县推广了精量半精量播种技术及秸秆还田，免耕播种深耕深翻等多项先进的农机技术，并完善了农机管理、供应、修理以及教育培训和农机技术推广一整套体系。

（二）农田主要能源

2014 年，农村用电量 14753 万千瓦时，其中农田用电 7062 万千瓦；年化肥施用量（折吨）为氮肥 4037t、磷肥 1498t、钾肥 820t、复合肥 1365t；年农药使用量 102t；年地膜使用量 219t，地膜覆盖面积 61110 亩；农用柴油使用量 4600t。

（三）农田水利建设情况

2014 年，武强县年末机电井数 3526 眼，配套机井 3526 眼，机电排灌面积 391560 亩，武强县有效灌溉面积 345465 亩，旱涝保收面积 199350 亩，占武强县耕地面积的 45%。

第四章 耕地土壤属性

第一节 耕地土壤类型

一、土壤类型与分布

按全国第二次土壤普查分类系统，武强县土壤包括 2 个土类、3 个亚类、8 个土属、27 个土种。

潮土土类是武强县主要的土壤类型，遍布武强县各 6 个乡镇，面积为 555927.91 亩，其中包括潮土和盐化潮土 2 个亚类、6 个土属、24 个土种。

潮土亚类是武强县的主要类型，面积为 470058.7 亩，占总土壤面积的 84.13%，遍布武强县 6 个乡镇，土壤呈微碱性。pH 值在 7.4 以上，通体石灰反映强烈，该亚类又分为壤质潮土和黏质潮土 2 个土属、8 个土种。

盐化潮土亚类主要分布在武强县西北部和腹部沿滹沱河，故道及其支流朱家河两侧。包括原来的合立、沙洼、西五、街关、留贯、周窝、北代、小范，马头 9 个乡，豆村、孙庄 2 个乡有零星分布，面积为 84769.21 亩。武强县轻度、中度、重度盐化潮土多呈复区分布，交叉错综。该亚类主要包括 4 个土属、16 个土种。

盐土是武强县的第二个土类，为弃耕"盐荒地"。多分布在朱家河故道两侧和零星分布在其他浅平封闭洼地的周围，与盐化潮土呈复区分布，面积为 4120.08 亩。表层为轻壤或中壤，下层沙土或沙壤。积水、旱季随蒸发返盐，除生长耐盐较强的碱蓬、羊角菜、红荆外、马绊草、小芦苇外，一般无法耕种。该土类只有 1 个亚类，即草甸盐土类，2 个土属、3 个土种。

二、土壤类型特征及生产性能

（一）潮土

潮土是河流冲击物经过耕种熟化发育成的土壤，其成土母质是古漳河、滹沱河及其支流携带的泥沙。潮土剖面层次分明，表土层（0～40cm）颜色为浅灰棕色、土层疏松、孔隙度大，土壤 pH 值 7.9～9.5。心土层（40～70cm）常见明显的沉积层次，养分含量少，有锈纹、锈斑及铁锰结核及铁子，底土层（70～150cm）为暗灰棕色，基本上脱离了人为活动的影响。潮土土壤反映呈微碱性，通体石灰反应强烈，适宜多种作物生长，该土类划分为潮土和盐化潮土 2 个亚类，分述如下。

1. 潮土亚类

潮土亚类是武强县主要土壤类型，是武强县农作物的主要产区。该亚类又划分为壤质潮土和黏质潮土2个土属。

（1）壤质潮土：壤质潮土土壤性质介于沙土和黏土之间，含小于0.01mm物理黏粒在20%~45%，群众称为"二合土"。沙黏配合适当，团粒结构好，保水保肥，通气透水，耕作性能一般较好，适种范围广，加之人为熟化程度不断提高，是理想的土壤质地类型。为武强县粮、棉、油高产稳产基地，分布在武强县原西五、孙庄、周窝、合立北部、沙洼大部、马头、留贯北部、街关中南部等。面积为199301.92亩，根据表层质地和土体构型该土属划分为轻壤质潮土、轻壤质底沙潮土、轻壤质底黏潮土、中壤质潮土、中壤质底沙潮土5个土种。其中，轻壤质潮土通体质地轻壤或间层出现沙壤或中壤。理化性状适中，水、气、热状况协调，保水保肥性能适中。耕作性强，适宜多种作物种植，是武强县良好的高产土壤类型。

（2）黏质潮土：群众称之为"黑土""死黑地"，通体黏土或表层中壤，以下为中壤或胶泥。土质黏重，黏结性、湿涨性大，干时坚硬，湿时泥泞，耕作困难，耕后易起大坷垃。易旱易涝，地温低，养分高，保水保肥性能强，但通透性差，发老苗不发小苗，一般大秋作物生长良好，如具备水源条件，适时耕作，注重增施有机肥料，同样能稳产高产。根据武强县黏质潮土的土体结构可分为黏质潮土、黏质底壤潮土、黏质底沙潮土3个土种。

2. 盐化潮土亚类

盐化潮土主要是由于地势低洼、积水、地下水位上升，并于两季携盐分而溢出地表，使土壤盐化，其剖面特征为：土壤颜色随土层深度从浅灰棕、灰棕到暗灰棕，层次明显。表层中壤，下层轻壤或沙壤，团粒结构多为屑块。盐分在地表形成盐霜或盐斑。武强县盐化潮土分属于硫酸盐、盐化潮土和氯化物盐潮土2类，按盐分含量分为：轻度盐化、中度盐化、重度盐化3个级别，根据土体结构又分为16个土种。

（二）盐土土类

盐土土类是武强县第二大土类，表层轻壤或中壤，下层沙土或沙壤，0~20cm土层含盐量为0.78%~0.26%，地下水矿化度在3g/L以上，两季积水，旱季则借毛细管现象蒸发返盐致使土体盐分上多下少，一般无法耕种，只能生长耐盐较强的碱蓬、红荆、羊角菜等。武强县盐土属草甸盐土亚类。根据表层质地和土体结构又分为轻壤质硫酸盐盐土、轻壤质氯化物盐土、中壤质硫酸盐盐土、中壤质氯化物盐土、中壤质底沙硫酸盐盐土、中壤质沙氯化物盐土6个土种。

第二节　有机质

一、耕层土壤有机质含量及分布特点

本次耕地地力调查共化验分析耕层土壤样本2267个，通过应用克里金空间插值技术并对其进行空间分析得知，武强县耕层土壤有机质含量平均为13.38g/kg，变化幅度为 7.90 ~ 23.64g/kg。

（一）耕层土壤有机质含量的行政区域分布特点

利用行政区划图对土壤有机质含量栅格数据进行区域统计发现，土壤有机质含量平均值达到 13.50g/kg 的乡镇有豆村乡、武强镇、北代乡，面积为 235665.0 亩，占武强县总耕地面积的 53.7%，其中豆村乡 1 个乡镇平均含量超过了 14.00g/kg，面积合计为 78540.0 亩，占武强县总耕地面积的 17.9%。平均值小于 13.50g/kg 的乡镇有孙庄乡、街关镇、周窝镇，面积为 203595.0 亩，占武强县总耕地面积的 46.3%，其中街关镇、周窝镇 2 个乡镇平均含量低于 13.00g/kg，面积合计为 128745.0 亩，占武强县总耕地面积的 29.3%。具体的分析结果见表 4-1。

表 4-1 不同行政区域耕层土壤有机质含量的分布特点

乡镇	面积/亩	占总耕地（%）	最小值/（g/kg）	最大值/（g/kg）	平均值/（g/kg）
豆村乡	78540.0	17.9	8.18	23.64	14.09
武强镇	68775.0	15.7	9.07	18.24	13.53
北代乡	88350.0	20.1	8.08	20.12	13.52
孙庄乡	74850.0	17.0	10.56	17.04	13.42
街关镇	74070.0	16.9	7.90	17.83	12.77
周窝镇	54675.0	12.4	9.16	17.24	12.73

（二）耕层土壤有机质含量与土壤质地的关系

利用土壤质地图对土壤有机质含量栅格数据进行区域统计发现，土壤有机质含量最高的质地是重壤质，平均含量达到了 13.68g/kg，变化幅度为 8.08 ~ 23.64g/kg，而最低的质地为轻壤质，平均含量为 12.47g/kg，变化幅度为 7.90 ~ 18.42g/kg。各质地有机质含量平均值由大到小的排列顺序为：重壤质、中壤质、轻壤质。具体的分析结果见表 4-2。

表 4-2 不同土壤质地与耕层土壤有机质含量的分布特点 单位：g/kg

土壤质地	最小值	最大值	平均值
重壤质	8.08	23.64	13.68
中壤质	8.18	18.39	13.29
轻壤质	7.90	18.42	12.47

（三）耕层土壤有机质含量与土壤分类的关系

1. 耕层土壤有机质含量与土类的关系

武强县土壤共有 2 个土类，土壤有机质含量最高的土类是盐土，平均含量达到了 13.85g/kg，变化幅度为 10.12 ~ 18.42g/kg，而最低的土类为潮土，平均含量为

13.38g/kg，变化幅度为 7.90～23.64g/kg。具体的分析结果见表 4-3。

表 4-3　不同土类耕层土壤有机质含量的分布特点　　　　　　　单位：g/kg

土壤类型	最小值	最大值	平均值
盐土	10.12	18.42	13.85
潮土	7.90	23.64	13.38

2. 耕层土壤有机质含量与亚类的关系

武强县土壤共有 3 个亚类，土壤有机质含量最高的亚类是盐土—草甸盐土，平均含量达到了 13.84g/kg，变化幅度为 10.12～18.42g/kg，而最低的亚类为潮土—盐化潮土，平均含量为 13.16g/kg，变化幅度为 8.18～19.74g/kg。各亚类有机质含量平均值由大到小的排列顺序为：盐土—草甸盐土、潮土—潮土、潮土—盐化潮土。具体的分析结果见表 4-4。

表 4-4　不同亚类耕层土壤有机质含量的分布特点　　　　　　　单位：g/kg

土类	亚类	最小值	最大值	平均值
盐土	草甸盐土	10.12	18.42	13.84
潮土	潮土	7.90	23.64	13.42
潮土	盐化潮土	8.18	19.74	13.16

3. 耕层土壤有机质含量与土属的关系

武强县土壤共有 8 个土属，土壤有机质含量最高的土属是盐土—草甸盐土—壤质硫酸盐盐土，平均含量达到了 14.68g/kg，变化幅度为 10.12～16.96g/kg，而最低的土属为潮土—盐化潮土—黏质硫酸盐盐化潮土，平均含量为 12.37g/kg，变化幅度为 10.38～16.77g/kg。各土属有机质含量平均值由大到小的排列顺序为：盐土—草甸盐土—壤质硫酸盐盐土、潮土—盐化潮土—黏质氯化物盐化潮土、潮土—潮土—黏质冲积物、潮土—盐化潮土—壤质硫酸盐盐化潮土、盐土—草甸盐土—壤质氯化物盐土、潮土—潮土—壤质冲积物、潮土—盐化潮土—壤质氯化物盐化潮土、潮土—盐化潮土—黏质硫酸盐盐化潮土。具体的分析结果见表 4-5。

表 4-5　不同土属耕层土壤有机质含量的分布特点　　　　　　　单位：g/kg

土类	亚类	土属	最小值	最大值	平均值
盐土	草甸盐土	壤质硫酸盐盐土	10.12	16.96	14.68
潮土	盐化潮土	黏质氯化物盐化潮土	10.19	19.74	13.79
潮土	潮土	黏质冲积物	8.08	23.64	13.69
潮土	盐化潮土	壤质硫酸盐盐化潮土	8.18	18.39	13.28
盐土	草甸盐土	壤质氯化物盐土	10.19	18.42	13.18

土类	亚类	土属	最小值	最大值	平均值
潮土	潮土	壤质冲积物	7.90	17.91	13.06
潮土	盐化潮土	壤质氯化物盐化潮土	9.02	17.71	12.92
潮土	盐化潮土	黏质硫酸盐盐化潮土	10.38	16.77	12.37

4. 耕层土壤有机质含量与土种的关系

武强县土壤共有 25 个土种, 土壤有机质含量最高的土种是潮土—盐化潮土—黏质氯化物盐化潮土—重壤质底沙重度盐化潮土, 平均含量达到了 19.36g/kg, 变化幅度为 18.71~19.74g/kg, 而最低的土种为潮土—盐化潮土—黏质硫酸盐盐化潮土—重壤质中度盐化潮土, 平均含量为 11.48g/kg, 变化幅度为 10.90~12.95g/kg。具体的分析结果见表 4-6。

表 4-6　不同土种耕层土壤有机质含量的分布特点　　　　　　单位: g/kg

土类	亚类	土属	土种	最小值	最大值	平均值
潮土	盐化潮土	黏质氯化物盐化潮土	重壤质底沙重度盐化潮土	18.71	19.74	19.36
潮土	盐化潮土	壤质氯化物盐化潮土	轻壤质底黏轻度盐化潮土	14.21	16.38	16.08
潮土	潮土	黏质冲积物	重壤质底壤潮土	13.19	15.93	14.71
盐土	草甸盐土	壤质硫酸盐盐土	中壤质底沙草甸盐土	10.12	16.96	14.68
潮土	盐化潮土	黏质硫酸盐盐化潮土	重壤质底沙轻度盐化潮土	12.26	16.77	14.11
潮土	盐化潮土	壤质硫酸盐盐化潮土	中壤质底沙中度盐化潮土	9.25	17.49	14.09
潮土	盐化潮土	壤质硫酸盐盐化潮土	中壤质底沙重度盐化潮土	10.73	17.01	13.89
潮土	潮土	黏质冲积物	重壤质潮土	8.66	23.64	13.70
潮土	盐化潮土	壤质氯化物盐化潮土	轻壤质中度盐化潮土	9.30	17.62	13.63
潮土	盐化潮土	壤质硫酸盐盐化潮土	中壤质重度盐化潮土	9.01	18.24	13.51
潮土	盐化潮土	黏质氯化物盐化潮土	重壤质底沙中度盐化潮土	10.19	15.41	13.48
潮土	盐化潮土	壤质硫酸盐盐化潮土	中壤质底沙轻度盐化潮土	8.80	18.39	13.39
潮土	潮土	壤质冲积物	中壤质潮土	8.91	17.91	13.29
盐土	草甸盐土	壤质氯化物盐土	轻壤质草甸盐土	10.19	18.42	13.18

续表

土类	亚类	土属	土种	最小值	最大值	平均值
潮土	盐化潮土	壤质硫酸盐盐化潮土	中壤质轻度盐化潮土	8.18	17.95	13.07
潮土	盐化潮土	壤质硫酸盐盐化潮土	中壤质中度盐化潮土	9.44	17.47	12.99
潮土	潮土	壤质冲积物	中壤质底沙潮土	9.58	16.26	12.78
潮土	盐化潮土	壤质氯化物盐化潮土	轻壤质重度盐化潮土	9.03	15.45	12.75
潮土	盐化潮土	壤质氯化物盐化潮土	轻壤质轻度盐化潮土	9.02	17.71	12.53
潮土	潮土	壤质冲积物	轻壤质底黏潮土	10.15	15.79	12.42
潮土	盐化潮土	黏质硫酸盐盐化潮土	黏质硫酸盐盐化潮土	10.38	15.56	12.31
潮土	潮土	壤质冲积物	轻壤质潮土	7.90	16.79	12.03
潮土	潮土	壤质冲积物	轻壤质底沙潮土	10.29	13.70	11.87
潮土	潮土	黏质冲积物	重壤质底沙潮土	8.08	20.03	11.60
潮土	盐化潮土	黏质硫酸盐盐化潮土	重壤质中度盐化潮土	10.90	12.95	11.48

二、耕层土壤有机质含量分级及特点

武强县耕地土壤有机质含量处于 3~5 级，其中最多的为 4 级，面积 425043.4 亩，占总耕地面积的 96.8%；最少的为 3 级，面积 2964.1 亩，占总耕地面积的 0.7%。没有 1 级、2 级、6 级。3 级全部分布在豆村乡。4 级主要分布在北代乡、孙庄乡。5 级主要分布在街关镇、北代乡（见表 4-7）。

表 4-7　耕地耕层有机质含量分级及面积

级别	1	2	3	4	5	6
范围/（g/kg）	>40	40~30	30~20	20~10	10~6	≤6
耕地面积/亩	0.0	0.0	2964.1	425043.4	11252.5	0.0
占总耕地（%）	0.0	0.0	0.7	96.8	2.5	0.0

（一）耕地耕层有机质含量 3 级地行政区域分布特点

3 级地面积为 2964.1 亩，占总耕地面积的 0.7%。3 级地全部分布在豆村乡。

（二）耕地耕层有机质含量 4 级地行政区域分布特点

4 级地面积为 425043.4 亩，占总耕地面积的 96.8%。北代乡面积为 84757.1 亩，占本级耕地面积的 19.94%；孙庄乡面积为 74850.0 亩，占本级耕地面积的 17.61%。详细分析结果见表 4 - 8。

表 4 - 8　耕地耕层有机质含量 4 级地区域分布

乡镇	面积/亩	占本级面积（%）
北代乡	84757.1	19.94
孙庄乡	74850.0	17.61
豆村乡	72593.3	17.08
街关镇	69671.6	16.39
武强镇	68580.3	16.14
周窝镇	54591.1	12.84

（三）耕地耕层有机质含量 5 级地行政区域分布特点

5 级地面积为 11252.5 亩，占总耕地面积的 2.5%。街关镇面积为 4398.6 亩，占本级耕地面积的 39.09%；北代乡面积为 3592.8 亩，占本级耕地面积的 31.93%。详细分析结果见表 4 - 9。

表 4 - 9　耕地耕层有机质含量 5 级地区域分布

乡镇	面积/亩	占本级面积（%）
街关镇	4398.6	39.09
北代乡	3592.8	31.93
豆村乡	2982.6	26.50
武强镇	194.7	1.73
周窝镇	83.8	0.75

第三节　全氮

一、耕层土壤全氮含量及分布特点

本次耕地地力调查共化验分析耕层土壤样本 2267 个，通过应用克里金空间插值技术并对其进行空间分析得知，武强县耕层土壤全氮含量平均为 0.96g/kg，变化幅度为 0.60 ~ 1.69g/kg。

（一）耕层土壤全氮含量的行政区域分布特点

利用行政区划图对土壤全氮含量栅格数据进行区域统计发现，土壤全氮含量平均值达到 0.97g/kg 的乡镇有武强镇、豆村乡、周窝镇，面积为 201990.0 亩，占武强县总耕地面积的 46.0%，其中武强镇、豆村乡 2 个乡镇平均含量超过了 0.98g/kg，面积合计为 147315.0 亩，占武强县总耕地面积的 33.6%。平均值小于 0.97g/kg 的乡镇有孙庄乡、北代乡、街关镇，面积为 237270.0 亩，占武强县总耕地面积的 54.0%，其中北代乡、街关镇 2 个乡镇平均含量低于 0.94g/kg，面积合计为 162420.0 亩，占武强县总耕地面积的 37.0%。详细分析结果见表 4 – 10。

表 4 – 10　不同行政区域耕层土壤全氮含量的分布特点

乡镇	面积/亩	占总耕地（%）	最小值/（g/kg）	最大值/（g/kg）	平均值/（g/kg）
武强镇	68775.0	15.7	0.71	1.69	0.99
豆村乡	78540.0	17.9	0.60	1.58	0.98
周窝镇	54675.0	12.4	0.65	1.28	0.97
孙庄乡	74850.0	17.0	0.77	1.18	0.94
北代乡	88350.0	20.1	0.61	1.27	0.93
街关镇	74070.0	16.9	0.61	1.25	0.93

（二）耕层土壤全氮含量与土壤质地的关系

利用土壤质地图对土壤全氮含量栅格数据进行区域统计发现，土壤全氮含量最高的质地是重壤质，平均含量达到了 0.98g/kg，变化幅度为 0.61 ~ 1.69g/kg，而最低的质地为轻壤质，平均含量为 0.91g/kg，变化幅度为 0.61 ~ 1.24g/kg。各质地全氮含量平均值由大到小的排列顺序为：重壤质、中壤质、轻壤质。详细分析结果见表 4 – 11。

表 4 – 11　不同土壤质地与耕层土壤全氮含量的分布特点　　　　单位：g/kg

土壤质地	最小值	最大值	平均值
重壤质	0.61	1.69	0.98
中壤质	0.60	1.66	0.95
轻壤质	0.61	1.24	0.91

（三）耕层土壤全氮含量与土壤分类的关系

1. 耕层土壤全氮含量与土类的关系

在 2 个土类中，土壤全氮含量最高的土类是盐土，平均含量达到了 0.97g/kg，变化幅度为 0.69 ~ 1.53g/kg，而最低的土类为潮土，平均含量为 0.96g/kg，变化幅度为 0.60 ~ 1.69g/kg。详细分析结果见表 4 – 12。

表 4 – 12　不同土类耕层土壤全氮含量的分布特点　　　　单位：g/kg

土壤类型	最小值	最大值	平均值
盐土	0.69	1.53	0.97
潮土	0.60	1.69	0.96

2. 耕层土壤全氮含量与亚类的关系

在 3 个亚类中,土壤全氮含量最高的亚类是盐土—草甸盐土,平均含量达到了 0.97g/kg,变化幅度为 0.69 ~ 1.53g/kg,而最低的亚类为潮土—盐化潮土,平均含量为 0.92g/kg,变化幅度为 0.60 ~ 1.65g/kg。各亚类全氮含量平均值由大到小的排列顺序为:盐土—草甸盐土、潮土—潮土、潮土—盐化潮土。详细分析结果见表 4 - 13。

表 4 - 13 不同亚类耕层土壤全氮含量的分布特点　　　　　　　　单位: g/kg

土类	亚类	最小值	最大值	平均值
盐土	草甸盐土	0.69	1.53	0.97
潮土	潮土	0.61	1.69	0.96
潮土	盐化潮土	0.60	1.65	0.92

3. 耕层土壤全氮含量与土属的关系

在 8 个土属中,土壤全氮含量最高的土属是盐土—草甸盐土—壤质硫酸盐盐土,平均含量达到了 1.07g/kg,变化幅度为 0.69 ~ 1.53g/kg,而最低的土属为潮土—盐化潮土—黏质硫酸盐盐化潮土,平均含量为 0.87g/kg,变化幅度为 0.71 ~ 1.17g/kg。各土属全氮含量平均值由大到小的排列顺序为:盐土—草甸盐土—壤质硫酸盐盐土、潮土—盐化潮土—黏质氯化物盐化潮土、潮土—潮土—黏质冲积物、潮土—潮土—壤质冲积物、潮土—盐化潮土—壤质氯化物盐化潮土、潮土—盐化潮土—壤质硫酸盐盐化潮土、盐土—草甸盐土—壤质氯化物盐土、潮土—盐化潮土—黏质硫酸盐盐化潮土。详细分析结果见表 4 - 14。

表 4 - 14 不同土属耕层土壤全氮含量的分布特点　　　　　　　　单位: g/kg

土类	亚类	土属	最小值	最大值	平均值
盐土	草甸盐土	壤质硫酸盐盐土	0.69	1.53	1.07
潮土	盐化潮土	黏质氯化物盐化潮土	0.69	1.35	0.98
潮土	潮土	黏质冲积物	0.61	1.69	0.98
潮土	潮土	壤质冲积物	0.61	1.66	0.94
潮土	盐化潮土	壤质氯化物盐化潮土	0.63	1.24	0.93
潮土	盐化潮土	壤质硫酸盐盐化潮土	0.60	1.65	0.92
盐土	草甸盐土	壤质氯化物盐土	0.71	1.16	0.90
潮土	盐化潮土	黏质硫酸盐盐化潮土	0.71	1.17	0.87

4. 耕层土壤全氮含量与土种的关系

在 25 个土种中,土壤全氮含量最高的土种是潮土—盐化潮土—黏质氯化物盐化潮土—重壤质底沙重度盐化潮土,平均含量达到了 1.33g/kg,变化幅度为 1.28 ~ 1.35g/kg,而最低的土种为潮土—盐化潮土—黏质硫酸盐盐化潮土—重壤质中度盐化潮土,平均含量为 0.79g/kg,变化幅度为 0.74 ~ 0.87g/kg。详细分析结果见表 4 - 15。

表4-15 不同土种耕层土壤全氮含量的分布特点 单位：g/kg

土类	亚类	土属	土种	最小值	最大值	平均值
潮土	盐化潮土	黏质氯化物盐化潮土	重壤质底沙重度盐化潮土	1.28	1.35	1.33
潮土	盐化潮土	壤质氯化物盐化潮土	轻壤质底黏轻度盐化潮土	1.05	1.10	1.09
盐土	草甸盐土	壤质硫酸盐盐土	中壤质底沙草甸盐土	0.69	1.53	1.07
潮土	潮土	黏质冲积物	重壤质底壤潮土	0.95	1.16	1.06
潮土	盐化潮土	壤质硫酸盐盐化潮土	中壤质底沙中度盐化潮土	0.64	1.65	1.02
潮土	盐化潮土	黏质硫酸盐盐化潮土	重壤质底沙轻度盐化潮土	0.85	1.17	0.98
潮土	潮土	黏质冲积物	重壤质潮土	0.61	1.69	0.98
潮土	盐化潮土	壤质氯化物盐化潮土	轻壤质中度盐化潮土	0.71	1.23	0.97
潮土	盐化潮土	黏质氯化物盐化潮土	重壤质底沙中度盐化潮土	0.69	1.12	0.96
潮土	潮土	壤质冲积物	中壤质潮土	0.62	1.66	0.96
潮土	盐化潮土	壤质硫酸盐盐化潮土	中壤质重度盐化潮土	0.63	1.54	0.95
潮土	盐化潮土	壤质硫酸盐盐化潮土	中壤质中度盐化潮土	0.66	1.21	0.95
潮土	潮土	壤质冲积物	中壤质底沙潮土	0.67	1.18	0.93
潮土	盐化潮土	壤质氯化物盐化潮土	轻壤质重度盐化潮土	0.63	1.11	0.92
潮土	盐化潮土	壤质硫酸盐盐化潮土	中壤质底沙重度盐化潮土	0.71	1.53	0.92
潮土	盐化潮土	壤质氯化物盐化潮土	轻壤质轻度盐化潮土	0.70	1.24	0.91
潮土	盐化潮土	壤质硫酸盐盐化潮土	中壤质轻度盐化潮土	0.60	1.47	0.90
盐土	草甸盐土	壤质氯化物盐土	轻壤质草甸盐土	0.71	1.16	0.90
潮土	潮土	壤质冲积物	轻壤质底黏潮土	0.74	1.15	0.90
潮土	盐化潮土	壤质硫酸盐盐化潮土	中壤质底沙轻度盐化潮土	0.61	1.24	0.90
潮土	盐化潮土	黏质硫酸盐盐化潮土	黏质硫酸盐盐化潮土	0.71	1.10	0.90
潮土	潮土	壤质冲积物	轻壤质潮土	0.61	1.24	0.89
潮土	潮土	壤质冲积物	轻壤质底沙潮土	0.72	0.95	0.82

土类	亚类	土属	土种	最小值	最大值	平均值
潮土	潮土	黏质冲积物	重壤质底沙潮土	0.63	1.39	0.81
潮土	盐化潮土	黏质硫酸盐盐化潮土	重壤质中度盐化潮土	0.74	0.87	0.79

二、耕层土壤全氮含量分级及特点

武强县耕地土壤全氮含量处于 2~5 级，其中最多的为 4 级，面积 284631.1 亩，占总耕地面积的 64.8%；最少的为 2 级，面积 2438.4 亩，占总耕地面积的 0.5%。没有 1级、6 级。2 级主要分布在武强镇。3 级主要分布在豆村乡、北代乡。4 级主要分布在孙庄乡、北代乡。5 级主要分布在北代乡、豆村乡。

表 4-16　耕地耕层全氮含量分级及面积

级别	1	2	3	4	5	6
范围/（g/kg）	>2.0	2.0~1.5	1.5~1.0	1.0~0.75	0.75~0.5	≤0.50
耕地面积/亩	0.0	2438.4	133023.7	284631.1	19166.8	0.0
占总耕地（%）	0.0	0.5	30.3	64.8	4.4	0.0

（一）耕地耕层全氮含量 2 级地行政区域分布特点

2 级地面积为 2438.4 亩，占总耕地面积的 0.5%。武强镇面积为 2128.0 亩，占本级耕地面积的 87.3%；豆村乡面积为 310.4 亩，占本级耕地面积的 12.7%。

（二）耕地耕层全氮含量 3 级地行政区域分布特点

3 级地面积为 133023.7 亩，占总耕地面积的 30.3%。豆村乡面积为 32150.5 亩，占本级耕地面积的 24.17%；北代乡面积为 26768.3 亩，占本级耕地面积的 20.12%。详细分析结果见表 4-17。

表 4-17　耕地耕层全氮含量 3 级地区域分布

乡镇	面积/亩	占本级面积（%）
豆村乡	32150.5	24.17
北代乡	26768.3	20.12
街关镇	21308.2	16.02
武强镇	20616.4	15.50
周窝镇	17302.0	13.01
孙庄乡	14878.3	11.18

（三）耕地耕层全氮含量 4 级地行政区域分布特点

4 级地面积为 284631.1 亩，占总耕地面积的 64.8%。孙庄乡面积为 59971.6 亩，占本级耕地面积的 21.07%；北代乡面积为 53806.3 亩，占本级耕地面积的 18.91%。详细分析结果见表 4-18。

表 4-18　耕地耕层全氮含量 4 级地区域分布

乡镇	面积/亩	占本级面积（%）
孙庄乡	59971.6	21.07
北代乡	53806.3	18.91
街关镇	48734.6	17.12
武强镇	45451.2	15.97
豆村乡	39691.6	13.94
周窝镇	36975.8	12.99

（四）耕地耕层全氮含量 5 级地行政区域分布特点

5 级地面积为 19166.8 亩，占总耕地面积的 4.4%。北代乡面积为 7775.0 亩，占本级耕地面积的 40.57%；豆村乡面积为 6387.6 亩，占本级耕地面积的 33.33%。详细分析结果见表 4-19。

表 4-19　耕地耕层全氮含量 5 级地区域分布

乡镇	面积/亩	占本级面积（%）
北代乡	7775.0	40.57
豆村乡	6387.6	33.33
街关镇	4027.3	21.01
武强镇	579.7	3.02
周窝镇	397.2	2.07

第四节　有效磷

一、耕层土壤有效磷含量及分布特点

本次耕地地力调查共化验分析耕层土壤样本 2267 个，通过应用克里金空间插值技术并对其进行空间分析得知，武强县耕层土壤有效磷含量平均为 24.45mg/kg，变化幅度为 13.39~40.99mg/kg。

（一）耕层土壤有效磷含量的行政区域分布特点

利用行政区划图对土壤有效磷含量栅格数据进行区域统计发现，土壤有效磷含量平均值达到 24.50mg/kg 的乡镇有豆村乡、周窝镇、街关镇，面积为 207285.0 亩，占武强县总耕地面积的 47.2%，其中豆村乡 1 个乡镇平均含量超过了 25.00mg/kg，面积合计为 78540.0 亩，占武强县总耕地面积的 17.9%。平均值小于 24.50mg/kg 的乡镇有孙庄乡、北代乡、武强镇，面积为 231975.0 亩，占武强县总耕地面积的 52.8%，其中武强镇 1 个乡镇平均含量低于 24.00mg/kg，面积合计为 68775.0 亩，占武强县总耕地面积的 15.7%。具体的分析结果见表 4 – 20。

表 4 – 20　不同行政区域耕层土壤有效磷含量的分布特点

乡镇	面积/亩	占总耕地（%）	最小值/（mg/kg）	最大值/（mg/kg）	平均值/（mg/kg）
豆村乡	78540.0	17.9	15.23	37.47	25.35
周窝镇	54675.0	12.4	14.77	33.65	24.67
街关镇	74070.0	16.9	14.80	38.87	24.65
孙庄乡	74850.0	17.0	15.70	33.29	24.21
北代乡	88350.0	20.1	15.96	37.70	24.19
武强镇	68775.0	15.7	13.39	40.99	23.84

（二）耕层土壤有效磷含量与土壤质地的关系

利用土壤质地图对土壤有效磷含量栅格数据进行区域统计发现，土壤有效磷含量最高的质地是轻壤质，平均含量达到了 25.14，变化幅度为 15.23 ~ 38.87mg/kg，而最低的质地为中壤质，平均含量为 24.08mg/kg，变化幅度为 13.39 ~ 40.99mg/kg。各质地有效磷含量平均值由大到小的排列顺序为：轻壤质、重壤质、中壤质。详细分析结果见表 4 – 21。

表 4 – 21　不同土壤质地与耕层土壤有效磷含量的分布特点　　　　　单位：mg/kg

土壤质地	最小值	最大值	平均值
轻壤质	15.23	38.87	25.14
重壤质	14.80	37.47	24.59
中壤质	13.39	40.99	24.08

（三）耕层土壤有效磷含量与土壤分类的关系

1. 耕层土壤有效磷含量与土类的关系

在 2 个土类中，土壤有效磷含量最高的土类是潮土，平均含量达到了 24.48mg/kg，变化幅度为 13.39 ~ 40.99mg/kg，而最低的土类为盐土，平均含量为 21.27mg/kg，变化幅度为 15.23 ~ 30.86mg/kg。详细分析结果见表 4 – 22。

表 4 – 22　不同土类耕层土壤有效磷含量的分布特点　　　单位：mg/kg

土壤类型	最小值	最大值	平均值
潮土	13.39	40.99	24.48
盐土	15.23	30.86	21.27

2. 耕层土壤有效磷含量与亚类的关系

在 3 个亚类中，土壤有效磷含量最高的亚类是潮土—潮土，平均含量达到了 24.53mg/kg，变化幅度为 13.40 ~ 40.99mg/kg，而最低的亚类为盐土—草甸盐土，平均含量为 21.29mg/kg，变化幅度为 15.23 ~ 30.86mg/kg。各亚类有效磷含量平均值由大到小的排列顺序为：潮土—潮土、潮土—盐化潮土、盐土—草甸盐土。详细分析结果见表 4 – 23。

表 4 – 23　不同亚类耕层土壤有效磷含量的分布特点　　　单位：mg/kg

土类	亚类	最小值	最大值	平均值
潮土	潮土	13.40	40.99	24.53
潮土	盐化潮土	13.39	37.72	24.20
盐土	草甸盐土	15.23	30.86	21.29

3. 耕层土壤有效磷含量与土属的关系

在 8 个土属中，土壤有效磷含量最高的土属是潮土—潮土—黏质冲积物，平均含量达到了 24.60mg/kg，变化幅度为 14.80 ~ 37.47mg/kg，而最低的土属为盐土—草甸盐土—壤质氯化物盐土，平均含量为 20.58mg/kg，变化幅度为 15.23 ~ 28.26mg/kg。各土属有效磷含量平均值由大到小的排列顺序为：潮土—潮土—黏质冲积物、潮土—盐化潮土—黏质硫酸盐盐化潮土、潮土—潮土—壤质冲积物、潮土—盐化潮土—壤质氯化物盐化潮土、潮土—盐化潮土—壤质硫酸盐盐化潮土、潮土—盐化潮土—黏质氯化物盐化潮土、盐土—草甸盐土—壤质硫酸盐盐土、盐土—草甸盐土—壤质氯化物盐土。详细分析结果见表 4 – 24。

表 4 – 24　不同土属耕层土壤有效磷含量的分布特点　　　单位：mg/kg

土类	亚类	土属	最小值	最大值	平均值
潮土	潮土	黏质冲积物	14.80	37.47	24.60
潮土	盐化潮土	黏质硫酸盐盐化潮土	16.59	33.62	24.59
潮土	潮土	壤质冲积物	13.40	40.99	24.43
潮土	盐化潮土	壤质氯化物盐化潮土	16.26	37.72	24.28
潮土	盐化潮土	壤质硫酸盐盐化潮土	13.39	37.52	24.19
潮土	盐化潮土	黏质氯化物盐化潮土	18.58	27.99	22.59
盐土	草甸盐土	壤质硫酸盐盐土	16.60	30.86	22.19
盐土	草甸盐土	壤质氯化物盐土	15.23	28.26	20.58

4. 耕层土壤有效磷含量与土种的关系

在 25 个土种中，土壤有效磷含量最高的土种是潮土—盐化潮土—黏质硫酸盐盐化潮土—重壤质底沙轻度盐化潮土，平均含量达到了 29.73mg/kg，变化幅度为 26.71 ~ 33.62mg/kg，而最低的土种为潮土—盐化潮土—黏质氯化物盐化潮土—重壤质底沙重度盐化潮土，平均含量为 19.44mg/kg，变化幅度为 18.79 ~ 20.37mg/kg。详细分析结果见表 4 - 25。

表 4 - 25　不同土种耕层土壤有效磷含量的分布特点　　　　单位：mg/kg

土类	亚类	土属	土种	最小值	最大值	平均值
潮土	盐化潮土	黏质硫酸盐盐化潮土	重壤质底沙轻度盐化潮土	26.71	33.62	29.73
潮土	潮土	壤质冲积物	轻壤质底黏潮土	18.64	36.39	26.20
潮土	潮土	壤质冲积物	轻壤质潮土	16.12	38.87	26.15
潮土	盐化潮土	黏质硫酸盐盐化潮土	黏质硫酸盐盐化潮土	16.59	28.87	25.56
潮土	盐化潮土	壤质氯化物盐化潮土	轻壤质中度盐化潮土	18.76	37.72	25.53
潮土	盐化潮土	壤质硫酸盐盐化潮土	中壤质轻度盐化潮土	15.91	37.52	24.95
潮土	盐化潮土	壤质硫酸盐盐化潮土	中壤质重度盐化潮土	15.88	34.72	24.86
潮土	潮土	黏质冲积物	重壤质底壤潮土	19.59	29.49	24.84
潮土	潮土	黏质冲积物	重壤质潮土	14.80	37.47	24.60
潮土	盐化潮土	壤质氯化物盐化潮土	轻壤质轻度盐化潮土	16.26	37.72	24.30
潮土	潮土	壤质冲积物	中壤质潮土	13.40	40.99	24.16
潮土	潮土	壤质冲积物	轻壤质底沙潮土	19.49	26.80	23.90
潮土	盐化潮土	壤质硫酸盐盐化潮土	中壤质底沙轻度盐化潮土	17.40	31.78	23.82
潮土	盐化潮土	壤质硫酸盐盐化潮土	中壤质中度盐化潮土	13.40	34.72	23.55
潮土	潮土	黏质冲积物	重壤质底沙潮土	16.89	29.02	23.32
潮土	盐化潮土	壤质氯化物盐化潮土	轻壤质重度盐化潮土	17.33	30.36	23.00
潮土	盐化潮土	壤质氯化物盐化潮土	轻壤质底黏轻度盐化潮土	22.17	24.90	22.83
潮土	盐化潮土	壤质硫酸盐盐化潮土	中壤质底沙重度盐化潮土	13.39	37.48	22.78

土类	亚类	土属	土种	最小值	最大值	平均值
潮土	盐化潮土	壤质硫酸盐盐化潮土	中壤质底沙中度盐化潮土	16.81	29.27	22.78
潮土	盐化潮土	黏质氯化物盐化潮土	重壤质底沙中度盐化潮土	18.58	27.99	22.76
潮土	潮土	壤质冲积物	中壤质底沙潮土	13.40	31.16	22.20
盐土	草甸盐土	壤质硫酸盐盐土	中壤质底沙草甸盐土	16.60	30.86	22.19
潮土	盐化潮土	黏质硫酸盐盐化潮土	重壤质中度盐化潮土	18.14	29.27	20.81
盐土	草甸盐土	壤质氯化物盐土	轻壤质草甸盐土	15.23	28.26	20.58
潮土	盐化潮土	黏质氯化物盐化潮土	重壤质底沙重度盐化潮土	18.79	20.37	19.44

二、耕层土壤有效磷含量分级及特点

武强县耕地土壤有效磷含量处于 2~3 级，其中最多的为 2 级，面积 399114.6 亩，占总耕地面积的 90.9%；最少的为 3 级，面积 40145.4 亩，占总耕地面积的 9.1%。没有 1 级、4 级、5 级、6 级。2 级主要分布在北代乡、孙庄乡。3 级主要分布在武强镇、豆村乡。

表 4-26　耕地耕层有效磷含量分级及面积

级别	1	2	3	4	5	6
范围/（mg/kg）	>40	40~20	20~10	10~5	5~3	≤3
耕地面积/亩	0.0	399114.6	40145.4	0.0	0.0	0.0
占总耕地（%）	0.0	90.9	9.1	0.0	0.0	0.0

（一）耕地耕层有效磷含量 2 级地行政区域分布特点

2 级地面积为 399114.6 亩，占总耕地面积的 90.9%。北代乡面积为 82228.4 亩，占本级耕地面积的 20.60%；孙庄乡面积为 72579.5 亩，占本级耕地面积的 18.19%。详细分析结果见表 4-27。

表 4-27　耕地耕层有效磷含量 2 级地行政区域分布

乡镇	面积/亩	占本级面积（%）
北代乡	82228.4	20.60
孙庄乡	72579.5	18.19
豆村乡	68581.7	17.18

乡镇	面积/亩	占本级面积（%）
街关镇	66651.7	16.70
武强镇	58137.2	14.57
周窝镇	50936.1	12.76

（二）耕地耕层有效磷含量3级地行政区域分布特点

3级地面积为40145.4亩，占总耕地面积的9.1%。武强镇面积为10637.8亩，占本级耕地面积的26.50%；豆村乡面积为9958.3亩，占本级耕地面积的24.80%。详细分析结果见表4-28。

表4-28　耕地耕层有效磷含量3级地行政区域分布

乡镇	面积/亩	占本级面积（%）
武强镇	10637.8	26.50
豆村乡	9958.3	24.80
街关镇	7418.4	18.48
北代乡	6121.5	15.25
周窝镇	3738.9	9.31
孙庄乡	2270.5	5.66

第五节　速效钾

一、耕层土壤速效钾含量及分布特点

本次耕地地力调查共化验分析耕层土壤样本2267个，通过应用克里金空间插值技术并对其进行空间分析得知，武强县耕层土壤速效钾含量平均为109.16mg/kg，变化幅度为75.22～161.47mg/kg。

（一）耕层土壤速效钾含量的行政区域分布特点

利用行政区划图对土壤速效钾含量栅格数据进行区域统计发现，土壤速效钾含量平均值达到109.00mg/kg的乡镇有孙庄乡、北代乡、周窝镇、武强镇、豆村乡，面积为365190.0亩，占武强县总耕地面积的83.1%，其中孙庄乡、北代乡2个乡镇平均含量超过了110.00mg/kg，面积合计为163200.0亩，占武强县总耕地面积的37.2%。平均值小于109.00mg/kg的乡镇为街关镇，其平均含量低于106.00mg/kg，面积为74070.0亩，占武强县总耕地面积的16.9%。具体的分析结果见表4-29。

表 4 – 29　不同行政区域耕层土壤速效钾含量的分布特点

乡镇	面积/亩	占总耕地（%）	最小值/（mg/kg）	最大值/（mg/kg）	平均值/（mg/kg）
孙庄乡	74850.0	17.0	87.43	143.35	110.34
北代乡	88350.0	20.1	82.93	148.56	110.12
周窝镇	54675.0	12.4	78.47	161.47	109.73
武强镇	68775.0	15.7	92.05	132.48	109.55
豆村乡	78540.0	17.9	75.22	152.45	109.50
街关镇	74070.0	16.9	81.38	138.46	105.93

（二）耕层土壤速效钾含量与土壤质地的关系

利用土壤质地图对土壤速效钾含量栅格数据进行区域统计发现，土壤速效钾含量最高的质地是轻壤质，平均含量达到了 110.60mg/kg，变化幅度为 75.22 ~ 153.66mg/kg，而最低的质地为中壤质，平均含量为 108.60mg/kg，变化幅度为 78.75 ~ 149.20mg/kg。各质地速效钾含量平均值由大到小的排列顺序为：轻壤质、重壤质、中壤质。详细分析结果见表 4 – 30。

表 4 – 30　不同土壤质地与耕层土壤速效钾含量的分布特点　　　　单位：mg/kg

土壤质地	最小值	最大值	平均值
轻壤质	75.22	153.66	110.60
重壤质	77.33	161.47	109.27
中壤质	78.75	149.20	108.60

（三）耕层土壤速效钾含量与土壤分类的关系

1. 耕层土壤速效钾含量与土类的关系

在 2 个土类中，土壤速效钾含量最高的土类是潮土，平均含量达到了 109.17mg/kg，变化幅度为 77.33 ~ 161.47mg/kg，而最低的土类为盐土，平均含量为 108.19mg/kg，变化幅度为 75.22 ~ 134.27mg/kg。详细分析结果见表 4 – 31。

表 4 – 31　不同土类耕层土壤速效钾含量的分布特点　　　　单位：mg/kg

土壤类型	最小值	最大值	平均值
潮土	77.33	161.47	109.17
盐土	75.22	134.27	108.19

2. 耕层土壤速效钾含量与亚类的关系

在 3 个亚类中，土壤速效钾含量最高的亚类是潮土—盐化潮土，平均含量达到了

110.50mg/kg，变化幅度为80.94～148.53mg/kg，而最低的亚类为盐土—草甸盐土，平均含量为108.23mg/kg，变化幅度为75.22～134.27mg/kg。各亚类速效钾含量平均值由大到小的排列顺序为：潮土—盐化潮土、潮土—潮土、盐土—草甸盐土。详细分析结果见表4-32。

表 4-32　不同亚类耕层土壤速效钾含量的分布特点　　　　单位：mg/kg

土类	亚类	最小值	最大值	平均值
潮土	盐化潮土	80.94	148.53	110.50
潮土	潮土	77.33	161.47	108.93
盐土	草甸盐土	75.22	134.27	108.23

3. 耕层土壤速效钾含量与土属的关系

在 8 个土属中，土壤速效钾含量最高的土属是盐土—草甸盐土—壤质硫酸盐盐土，平均含量达到了 114.26mg/kg，变化幅度为 105.76～133.85mg/kg，而最低的土属为盐土—草甸盐土—壤质氯化物盐土，平均含量为 103.50mg/kg，变化幅度为 75.22～134.27mg/kg。各土属速效钾含量平均值由大到小的排列顺序为：盐土—草甸盐土—壤质硫酸盐盐土、潮土—盐化潮土—壤质氯化物盐化潮土、潮土—盐化潮土—壤质硫酸盐盐化潮土、潮土—盐化潮土—黏质氯化物盐化潮土、潮土—盐化潮土—黏质硫酸盐盐化潮土、潮土—潮土—黏质冲积物、潮土—潮土—壤质冲积物、盐土—草甸盐土—壤质氯化物盐土。详细分析结果见表4-33。

表 4-33　不同土属耕层土壤速效钾含量的分布特点　　　　单位：mg/kg

土类	亚类	土属	最小值	最大值	平均值
盐土	草甸盐土	壤质硫酸盐盐土	105.76	133.85	114.26
潮土	盐化潮土	壤质氯化物盐化潮土	82.02	145.01	110.76
潮土	盐化潮土	壤质硫酸盐盐化潮土	80.94	148.53	110.42
潮土	盐化潮土	黏质氯化物盐化潮土	98.89	119.81	110.39
潮土	盐化潮土	黏质硫酸盐盐化潮土	86.12	135.46	109.72
潮土	潮土	黏质冲积物	77.33	161.47	109.26
潮土	潮土	壤质冲积物	78.75	153.66	108.49
盐土	草甸盐土	壤质氯化物盐土	75.22	134.27	103.50

4. 耕层土壤速效钾含量与土种的关系

在 25 个土种中，土壤速效钾含量最高的土种是潮土—盐化潮土—壤质氯化物盐化潮土—轻壤质底黏轻度盐化潮土，平均含量达到了 136.04mg/kg，变化幅度为 134.05～143.02mg/kg，而最低的土种为潮土—潮土—壤质冲积物—中壤质底沙潮土，平均含量为 100.72mg/kg，变化幅度为 81.38～137.99mg/kg。详细分析结果见表4-34。

表 4 - 34　不同土种耕层土壤速效钾含量的分布特点　　　单位：mg/kg

土类	亚类	土属	土种	最小值	最大值	平均值
潮土	盐化潮土	壤质氯化物盐化潮土	轻壤质底黏轻度盐化潮土	134.05	143.02	136.04
潮土	盐化潮土	黏质氯化物盐化潮土	重壤质底沙重度盐化潮土	113.54	119.81	117.13
潮土	潮土	黏质冲积物	重壤质底沙潮土	91.93	137.90	115.78
潮土	盐化潮土	黏质硫酸盐盐化潮土	重壤质底沙轻度盐化潮土	108.40	121.67	115.46
盐土	草甸盐土	壤质硫酸盐盐土	中壤质底沙草甸盐土	105.76	133.85	114.26
潮土	潮土	壤质冲积物	轻壤质潮土	87.90	153.66	112.97
潮土	盐化潮土	壤质氯化物盐化潮土	轻壤质轻度盐化潮土	86.95	145.01	112.08
潮土	盐化潮土	壤质硫酸盐盐化潮土	中壤质底沙中度盐化潮土	99.37	137.27	111.72
潮土	盐化潮土	壤质硫酸盐盐化潮土	中壤质轻度盐化潮土	86.12	147.78	111.44
潮土	盐化潮土	壤质硫酸盐盐化潮土	中壤质底沙重度盐化潮土	88.86	137.27	110.83
潮土	盐化潮土	壤质硫酸盐盐化潮土	中壤质底沙轻度盐化潮土	85.45	132.95	110.31
潮土	盐化潮土	黏质硫酸盐盐化潮土	重壤质中度盐化潮土	96.66	135.46	110.30
潮土	盐化潮土	壤质氯化物盐化潮土	轻壤质中度盐化潮土	82.02	134.27	110.29
潮土	盐化潮土	黏质氯化物盐化潮土	重壤质底沙中度盐化潮土	98.89	119.00	110.02
潮土	盐化潮土	壤质硫酸盐盐化潮土	中壤质重度盐化潮土	80.94	148.34	109.33
潮土	潮土	黏质冲积物	重壤质潮土	77.33	161.47	109.22
潮土	潮土	壤质冲积物	轻壤质底沙潮土	102.44	121.85	108.83
潮土	潮土	壤质冲积物	中壤质潮土	78.75	149.20	108.26
潮土	潮土	黏质冲积物	重壤质底壤潮土	89.01	121.20	107.85
潮土	盐化潮土	壤质硫酸盐盐化潮土	中壤质中度盐化潮土	91.06	148.53	107.80
潮土	盐化潮土	壤质氯化物盐化潮土	轻壤质重度盐化潮土	88.04	144.15	107.60
潮土	盐化潮土	黏质硫酸盐盐化潮土	黏质硫酸盐盐化潮土	86.12	131.96	105.86
潮土	潮土	壤质冲积物	轻壤质底黏潮土	88.82	127.40	103.57

续表

土类	亚类	土属	土种	最小值	最大值	平均值
盐土	草甸盐土	壤质氯化物盐土	轻壤质草甸盐土	75.22	134.27	103.50
潮土	潮土	壤质冲积物	中壤质底沙潮土	81.38	137.99	100.72

二、耕层土壤速效钾含量分级及特点

武强县耕地土壤速效钾含量处于 2~4 级，其中最多的为 3 级，面积 362265.8 亩，占总耕地面积的 82.5%；最少的为 2 级，面积 70.2 亩，不到总耕地面积的 0.1%。没有 1 级、5 级、6 级。2 级全部分布在周窝镇。3 级主要分布在北代乡、武强镇。4 级主要分布在街关镇、豆村乡。

表 4 - 35　耕地耕层速效钾含量分级及面积

级别	1	2	3	4	5	6
范围/（mg/kg）	>200	200~150	150~100	100~50	50~30	≤30
耕地面积/亩	0.0	70.2	362265.8	76924.0	0.0	0.0
占总耕地（%）	0.0	0.0	82.5	17.5	0.0	0.0

（一）耕地耕层速效钾含量 2 级地行政区域分布特点

2 级地面积为 70.2 亩，小于总耕地面积的 0.1%。2 级地全部分布在周窝镇。

（二）耕地耕层速效钾含量 3 级地行政区域分布特点

3 级地面积为 362265.8 亩，占总耕地面积的 82.5%。北代乡面积为 72206.6 亩，占本级耕地面积的 19.9%；武强镇面积为 68386.1 亩，占本级耕地面积的 18.9%。详细分析结果见表 4 - 36。

表 4 - 36　耕地耕层速效钾含量 3 级地行政区域分布

乡镇	面积（亩）	占本级面积（%）
北代乡	72206.6	19.93
武强镇	68386.1	18.88
孙庄乡	66889.0	18.46
豆村乡	60166.1	16.61
街关镇	53314.1	14.72
周窝镇	41303.9	11.40

（三）耕地耕层速效钾含量 4 级地行政区域分布特点

4 级地面积为 76924.0 亩，占总耕地面积的 17.5%。街关镇面积为 20755.9 亩，占本级耕地面积的 27.0%；豆村乡面积为 18373.8 亩，占本级耕地面积的 23.9%。详细分析结果见表 4-37。

表 4-37 耕地耕层速效钾含量 4 级地行政区域分布

乡镇	面积/亩	占本级面积（%）
街关镇	20755.9	26.98
豆村乡	18373.8	23.89
北代乡	16143.5	20.99
周窝镇	13301.0	17.29
孙庄乡	7961.0	10.35
武强镇	388.8	0.50

第六节 有效铜

一、耕层土壤有效铜含量及分布特点

本次耕地地力调查共化验分析耕层土壤样本 2267 个，通过应用克里金空间插值技术并对其进行空间分析得知，武强县耕层土壤有效铜含量平均为 1.22mg/kg，变化幅度为 0.42~2.03mg/kg。

（一）耕层土壤有效铜含量的行政区域分布特点

利用行政区划图对土壤有效铜含量栅格数据进行区域统计发现，土壤有效铜含量平均值达到 1.30mg/kg 的乡镇有周窝镇、豆村乡、北代乡，面积为 221565.0 亩，占武强县总耕地面积的 50.4%，其中周窝镇 1 个乡镇平均含量超过了 1.50mg/kg，面积合计为 54675.0 亩，占武强县总耕地面积的 12.4%。平均值小于 1.30mg/kg 的乡镇有孙庄乡、街关镇、武强镇，面积为 217695.0 亩，占武强县总耕地面积的 49.6%，其中武强镇 1 个乡镇平均含量低于 1.01mg/kg，面积合计为 68775.0 亩，占武强县总耕地面积的 15.7%。详细分析结果见表 4-38。

表 4-38 不同行政区域耕层土壤有效铜含量的分布特点

乡镇	面积/亩	占总耕地（%）	最小值/（mg/kg）	最大值/（mg/kg）	平均值/（mg/kg）
周窝镇	54675.0	12.4	0.87	2.03	1.60
豆村乡	78540.0	17.9	0.87	2.03	1.43
北代乡	88350.0	20.1	0.72	2.01	1.34
孙庄乡	74850.0	17.0	0.74	1.90	1.08

乡镇	面积/亩	占总耕地 （%）	最小值/ （mg/kg）	最大值/ （mg/kg）	平均值/ （mg/kg）
街关镇	74070.0	16.9	0.42	1.55	1.02
武强镇	68775.0	15.7	0.74	1.60	1.00

（二）耕层土壤有效铜含量与土壤质地的关系

利用土壤质地图对土壤有效铜含量栅格数据进行区域统计发现，土壤有效铜含量最高的质地是重壤质，平均含量达到了 1.27mg/kg，变化幅度为 0.73～2.03mg/kg，而最低的质地为中壤质，平均含量为 1.16mg/kg，变化幅度为 0.42～2.00mg/kg。各质地有效铜含量平均值由大到小的排列顺序为：重壤质、轻壤质、中壤质。详细分析结果见表 4-39。

表 4-39　不同土壤质地与耕层土壤有效铜含量的分布特点　　　　单位：mg/kg

土壤质地	最小值	最大值	平均值
重壤质	0.73	2.03	1.27
轻壤质	0.67	1.87	1.21
中壤质	0.42	2.00	1.16

（三）耕层土壤有效铜含量与土壤分类的关系

1. 耕层土壤有效铜含量与土类的关系

在 2 个土类中，土壤有效铜含量最高的土类是盐土，平均含量达到了 1.38mg/kg，变化幅度为 0.84～1.81mg/kg，而最低的土类为潮土，平均含量为 1.22mg/kg，变化幅度为 0.42～2.03mg/kg。

表 4-40　不同土类耕层土壤有效铜含量的分布特点　　　　单位：mg/kg

土壤类型	最小值	最大值	平均值
盐土	0.84	1.81	1.38
潮土	0.42	2.03	1.22

2. 耕层土壤有效铜含量与亚类的关系

在 3 个亚类中，土壤有效铜含量最高的亚类是盐土—草甸盐土，平均含量达到了 1.38mg/kg，变化幅度为 0.84～1.81mg/kg，而最低的亚类为潮土—潮土，平均含量为 1.21mg/kg，变化幅度为 0.42～2.03mg/kg。各亚类有效铜含量平均值由大到小的排列顺序为：盐土—草甸盐土、潮土—盐化潮土、潮土—潮土。详细分析结果见表 4-41。

表4-41　不同亚类耕层土壤有效铜含量的分布特点　　　　单位：mg/kg

土类	亚类	最小值	最大值	平均值
盐土	草甸盐土	0.84	1.81	1.38
潮土	盐化潮土	0.67	1.98	1.25
潮土	潮土	0.42	2.03	1.21

3. 耕层土壤有效铜含量与土属的关系

在8个土属中，土壤有效铜含量最高的土属是盐土—草甸盐土—壤质氯化物盐土，平均含量达到了1.50mg/kg，变化幅度为0.96～1.81mg/kg，而最低的土属为潮土—盐化潮土—黏质氯化物盐化潮土，平均含量为1.12mg/kg，变化幅度为0.83～1.46mg/kg。各土属有效铜含量平均值由大到小的排列顺序为：盐土—草甸盐土—壤质氯化物盐土、潮土—潮土—黏质冲积物、潮土—盐化潮土—壤质氯化物盐化潮土、潮土—盐化潮土—壤质硫酸盐盐化潮土、潮土—盐化潮土—黏质硫酸盐盐化潮土、盐土—草甸盐土—壤质硫酸盐盐土、潮土—潮土—壤质冲积物、潮土—盐化潮土—黏质氯化物盐化潮土。详细分析结果见表4-42。

表4-42　不同土属耕层土壤有效铜含量的分布特点　　　　单位：mg/kg

土类	亚类	土属	最小值	最大值	平均值
盐土	草甸盐土	壤质氯化物盐土	0.96	1.81	1.50
潮土	潮土	黏质冲积物	0.74	2.03	1.27
潮土	盐化潮土	壤质氯化物盐化潮土	0.67	1.84	1.26
潮土	盐化潮土	壤质硫酸盐盐化潮土	0.76	1.98	1.25
潮土	盐化潮土	黏质硫酸盐盐化潮土	0.73	1.54	1.24
盐土	草甸盐土	壤质硫酸盐盐土	0.84	1.50	1.23
潮土	潮土	壤质冲积物	0.42	2.00	1.13
潮土	盐化潮土	黏质氯化物盐化潮土	0.83	1.46	1.12

4. 耕层土壤有效铜含量与土种的关系

在24个土种中，土壤有效铜含量最高的土种是潮土—盐化潮土—壤质氯化物盐化潮土—轻壤质底黏轻度盐化潮土，平均含量达到了1.63mg/kg，变化幅度为1.47～1.84mg/kg，而最低的土种为潮土—潮土—黏质冲积物—重壤质底壤潮土，平均含量为0.88mg/kg，变化幅度为0.77～1.10mg/kg。详细分析结果见表4-43。

表4-43　不同土种耕层土壤有效铜含量的分布特点　　　　单位：mg/kg

土类	亚类	土属	土种	最小值	最大值	平均值
潮土	盐化潮土	壤质氯化物盐化潮土	轻壤质底黏轻度盐化潮土	1.47	1.84	1.63

续表

土类	亚类	土属	土种	最小值	最大值	平均值
潮土	潮土	壤质冲积物	轻壤质底沙潮土	1.34	1.63	1.50
盐土	草甸盐土	壤质氯化物盐土	轻壤质草甸盐土	0.96	1.81	1.50
潮土	盐化潮土	黏质硫酸盐盐化潮土	黏质硫酸盐盐化潮土	1.23	1.54	1.41
潮土	盐化潮土	壤质氯化物盐化潮土	轻壤质中度盐化潮土	0.83	1.79	1.41
潮土	盐化潮土	壤质硫酸盐盐化潮土	中壤质重度盐化潮土	0.80	1.79	1.39
潮土	盐化潮土	黏质硫酸盐盐化潮土	重壤质底沙轻度盐化潮土	1.29	1.36	1.33
潮土	潮土	黏质冲积物	重壤质底沙潮土	0.87	1.62	1.30
潮土	盐化潮土	壤质硫酸盐盐化潮土	中壤质轻度盐化潮土	0.76	1.98	1.29
潮土	盐化潮土	壤质硫酸盐盐化潮土	中壤质中度盐化潮土	0.78	1.81	1.27
潮土	潮土	黏质冲积物	重壤质潮土	0.74	2.03	1.27
潮土	盐化潮土	壤质氯化物盐化潮土	轻壤质轻度盐化潮土	0.82	1.79	1.25
盐土	草甸盐土	壤质硫酸盐盐土	中壤质底沙草甸盐土	0.84	1.50	1.23
潮土	盐化潮土	壤质硫酸盐盐化潮土	中壤质底沙轻度盐化潮土	0.81	1.66	1.21
潮土	潮土	壤质冲积物	轻壤质潮土	0.78	1.87	1.19
潮土	潮土	壤质冲积物	中壤质潮土	0.42	2.00	1.13
潮土	盐化潮土	黏质氯化物盐化潮土	重壤质底沙中度盐化潮土	0.83	1.46	1.12
潮土	盐化潮土	壤质硫酸盐盐化潮土	中壤质底沙重度盐化潮土	0.81	1.60	1.09
潮土	盐化潮土	壤质氯化物盐化潮土	轻壤质重度盐化潮土	0.67	1.79	1.09
潮土	盐化潮土	壤质硫酸盐盐化潮土	中壤质底沙中度盐化潮土	0.86	1.37	1.09
潮土	盐化潮土	黏质硫酸盐盐化潮土	重壤质中度盐化潮土	0.73	1.31	1.03
潮土	潮土	壤质冲积物	轻壤质底黏潮土	0.78	1.23	0.99
潮土	潮土	壤质冲积物	中壤质底沙潮土	0.49	1.69	0.95
潮土	潮土	黏质冲积物	重壤质底壤潮土	0.77	1.10	0.88

二、耕层土壤有效铜含量分级及特点

武强县耕地土壤有效铜含量处于 1~3 级，其中最多的为 2 级，面积 318108.3 亩，占总耕地面积的 72.4%；最少的为 1 级，面积 10368.4 亩，占总耕地面积的 2.4%。没有 4 级、5 级。1 级主要分布在周窝镇。2 级主要分布在北代乡、豆村乡。3 级主要分布在武强镇、孙庄乡。

表 4-44　耕地耕层有效铜含量分级及面积

级别	1	2	3	4	5
范围/（mg/kg）	>1.8	1.8~1.0	1.0~0.5	0.5~0.2	≤0.2
耕地面积/亩	10368.4	318108.3	110783.3	0.0	0.0
占总耕地（%）	2.4	72.4	25.2	0.0	0.0

（一）耕地耕层有效铜含量 1 级地行政区域分布特点

1 级地面积为 10368.4 亩，占总耕地面积的 2.4%。周窝镇面积为 7733.1 亩，占本级耕地面积的 74.58%；豆村乡面积为 1620.5 亩，占本级耕地面积的 15.63%；北代乡面积为 1014.8 亩，占本级耕地面积的 9.79%。

（二）耕地耕层有效铜含量 2 级地行政区域分布特点

2 级地面积为 318108.3 亩，占总耕地面积的 72.4%。北代乡面积为 80881.8 亩，占本级耕地面积的 25.43%；豆村乡面积为 76025.5 亩，占本级耕地面积的 23.90%。详细分析结果见表 4-45。

表 4-45　耕地耕层有效铜含量 2 级地行政区域分布

乡镇	面积/亩	占本级面积（%）
北代乡	80881.8	25.43
豆村乡	76025.5	23.90
周窝镇	46825.8	14.72
街关镇	45000.1	14.15
孙庄乡	43577.1	13.70
武强镇	25798.0	8.10

（三）耕地耕层有效铜含量 3 级地行政区域分布特点

3 级地面积为 110783.3 亩，占总耕地面积的 25.2%。武强镇面积为 42977.0 亩，占本级耕地面积的 38.79%；孙庄乡面积为 31272.9 亩，占本级耕地面积的 28.23%。详细分析结果见表 4-46。

表 4 - 46   耕地耕层有效铜含量 3 级地行政区域分布

乡镇	面积/亩	占本级面积（%）
武强镇	42977.0	38.79
孙庄乡	31272.9	28.23
街关镇	29069.8	26.24
北代乡	6453.5	5.83
豆村乡	894.1	0.81
周窝镇	116.0	0.10

第七节   有效铁

一、耕层土壤有效铁含量及分布特点

本次耕地地力调查共化验分析耕层土壤样本 2267 个，通过应用克里金空间插值技术并对其进行空间分析得知，武强县耕层土壤有效铁含量平均为 5.44mg/kg，变化幅度为 2.90 ~ 10.50mg/kg。

（一）耕层土壤有效铁含量的行政区域分布特点

利用行政区划图对土壤有效铁含量栅格数据进行区域统计发现，土壤有效铁含量平均值达到 5.00mg/kg 的乡镇有豆村乡、北代乡、周窝镇、孙庄乡，面积为 296415.0 亩，占武强县总耕地面积的 67.5%，其中豆村乡 1 个乡镇平均含量超过了 6.00mg/kg，面积合计为 78540.0 亩，占武强县总耕地面积的 17.9%。平均值小于 5.00mg/kg 的乡镇有街关镇、武强镇，面积为 142845.0 亩，占武强县总耕地面积的 32.5%，其中武强镇 1 个乡镇平均含量低于 4.80mg/kg，面积合计为 68775.0 亩，占武强县总耕地面积的 15.7%。详细分析结果见表 4 - 47。

表 4 - 47   不同行政区域耕层土壤有效铁含量的分布特点   单位：mg/kg

乡镇	面积/亩	占总耕地（%）	最小值/mg/kg	最大值/mg/kg	平均值/mg/kg
豆村乡	78540.0	17.9	3.10	10.50	6.91
北代乡	88350.0	20.1	2.96	9.74	5.80
周窝镇	54675.0	12.4	3.39	9.83	5.43
孙庄乡	74850.0	17.0	3.00	7.24	5.05
街关镇	74070.0	16.9	2.90	7.65	4.89
武强镇	68775.0	15.7	2.98	6.46	4.76

（二）耕层土壤有效铁含量与土壤质地的关系

利用土壤质地图对土壤有效铁含量栅格数据进行区域统计发现，土壤有效铁含量最高的质地是重壤质，平均含量达到了 5.65mg/kg，变化幅度为 2.91～10.44mg/kg，而最低的质地为中壤质，平均含量为 5.20mg/kg，变化幅度为 2.90～10.50mg/kg。各质地有效铁含量平均值由大到小的排列顺序为：重壤质、轻壤质、中壤质。详细分析结果见表 4-48。

表 4-48　不同土壤质地与耕层土壤有效铁含量的分布特点　　单位：mg/kg

土壤质地	最小值	最大值	平均值
重壤质	2.91	10.44	5.65
轻壤质	2.96	9.83	5.37
中壤质	2.90	10.50	5.20

（三）耕层土壤有效铁含量与土壤分类的关系

1. 耕层土壤有效铁含量与土类的关系

在 2 个土类中，土壤有效铁含量最高的土类是盐土，平均含量达到了 5.62mg/kg，变化幅度为 3.40～8.19mg/kg，而最低的土类为潮土，平均含量为 5.43mg/kg，变化幅度为 2.90～10.50mg/kg。详细分析结果见表 4-49。

表 4-49　不同土类耕层土壤有效铁含量的分布特点　　单位：mg/kg

土壤类型	最小值	最大值	平均值
盐土	3.40	8.19	5.62
潮土	2.90	10.50	5.43

2. 耕层土壤有效铁含量与亚类的关系

在 3 个亚类中，土壤有效铁含量最高的亚类是潮土—盐化潮土，平均含量达到了 5.75mg/kg，变化幅度为 2.96～10.50mg/kg，而最低的亚类为潮土—潮土，平均含量为 5.38mg/kg，变化幅度为 2.90～10.49mg/kg。各亚类有效铁含量平均值由大到小的排列顺序为：潮土—盐化潮土、盐土—草甸盐土、潮土—潮土。详细分析结果见表 4-50。

表 4-50　不同亚类耕层土壤有效铁含量的分布特点　　单位：mg/kg

土类	亚类	最小值	最大值	平均值
潮土	盐化潮土	2.96	10.50	5.75
盐土	草甸盐土	3.40	8.19	5.63
潮土	潮土	2.90	10.49	5.38

3. 耕层土壤有效铁含量与土属的关系

在 8 个土属中，土壤有效铁含量最高的土属是盐土—草甸盐土—壤质氯化物盐土，平均含量达到了 6.18mg/kg，变化幅度为 4.24 ~ 8.19mg/kg，而最低的土属为盐土—草甸盐土—壤质硫酸盐盐土，平均含量为 4.93mg/kg，变化幅度为 3.40 ~ 6.12mg/kg。各土属有效铁含量平均值由大到小的排列顺序为：盐土—草甸盐土—壤质氯化物盐土、潮土—盐化潮土—黏质硫酸盐盐化潮土、潮土—盐化潮土—壤质硫酸盐盐化潮土、潮土—盐化潮土—黏质氯化物盐化潮土、潮土—潮土—黏质冲积物、潮土—盐化潮土—壤质氯化物盐化潮土、潮土—潮土—壤质冲积物、盐土—草甸盐土—壤质硫酸盐盐土。详细分析结果见表 4 – 51。

表 4 – 51 不同土属耕层土壤有效铁含量的分布特点   单位：mg/kg

土类	亚类	土属	最小值	最大值	平均值
盐土	草甸盐土	壤质氯化物盐土	4.24	8.19	6.18
潮土	盐化潮土	黏质硫酸盐盐化潮土	3.58	10.44	6.12
潮土	盐化潮土	壤质硫酸盐盐化潮土	3.08	10.50	5.86
潮土	盐化潮土	黏质氯化物盐化潮土	4.58	6.16	5.85
潮土	潮土	黏质冲积物	2.91	10.44	5.64
潮土	盐化潮土	壤质氯化物盐化潮土	2.96	9.83	5.48
潮土	潮土	壤质冲积物	2.90	10.49	5.03
盐土	草甸盐土	壤质硫酸盐盐土	3.40	6.12	4.93

4. 耕层土壤有效铁含量与土种的关系

在 24 个土种中，土壤有效铁含量最高的土种是潮土—盐化潮土—黏质硫酸盐盐化潮土—重壤质底沙轻度盐化潮土，平均含量达到了 9.92mg/kg，变化幅度为 9.47 ~ 10.44mg/kg，而最低的土种为潮土—潮土—黏质冲积物—重壤质底壤潮土，平均含量为 4.22mg/kg，变化幅度为 3.26 ~ 5.95mg/kg。详细分析结果见表 4 – 52。

表 4 – 52 不同土种耕层土壤有效铁含量的分布特点   单位：mg/kg

土类	亚类	土属	土种	最小值	最大值	平均值
潮土	盐化潮土	黏质硫酸盐盐化潮土	重壤质底沙轻度盐化潮土	9.47	10.44	9.92
潮土	潮土	黏质冲积物	重壤质底沙潮土	4.81	8.77	6.83
潮土	潮土	壤质冲积物	轻壤质底沙潮土	5.68	7.73	6.70
潮土	盐化潮土	壤质氯化物盐化潮土	轻壤质中度盐化潮土	3.33	9.83	6.45
盐土	草甸盐土	壤质氯化物盐土	轻壤质草甸盐土	4.24	8.19	6.18
潮土	盐化潮土	壤质硫酸盐盐化潮土	中壤质重度盐化潮土	3.18	9.33	6.13

续表

土类	亚类	土属	土种	最小值	最大值	平均值
潮土	盐化潮土	壤质硫酸盐盐化潮土	中壤质轻度盐化潮土	3.23	10.46	6.03
潮土	盐化潮土	壤质硫酸盐盐化潮土	中壤质中度盐化潮土	3.08	10.50	5.87
潮土	盐化潮土	黏质氯化物盐化潮土	重壤质底沙中度盐化潮土	4.58	6.16	5.85
潮土	盐化潮土	壤质硫酸盐盐化潮土	中壤质底沙轻度盐化潮土	4.00	8.86	5.70
潮土	潮土	黏质冲积物	重壤质潮土	2.91	10.44	5.64
潮土	盐化潮土	壤质硫酸盐盐化潮土	中壤质底沙重度盐化潮土	3.45	9.74	5.45
潮土	盐化潮土	壤质硫酸盐盐化潮土	中壤质底沙中度盐化潮土	3.55	8.15	5.26
潮土	盐化潮土	壤质氯化物盐化潮土	轻壤质轻度盐化潮土	2.96	8.32	5.24
潮土	潮土	壤质冲积物	轻壤质潮土	3.57	7.86	5.20
潮土	盐化潮土	黏质硫酸盐盐化潮土	黏质硫酸盐盐化潮土	3.58	6.37	5.16
潮土	潮土	壤质冲积物	轻壤质底黏潮土	3.62	6.82	5.14
潮土	潮土	壤质冲积物	中壤质潮土	2.90	10.49	5.00
潮土	盐化潮土	壤质氯化物盐化潮土	轻壤质重度盐化潮土	3.71	8.66	4.96
潮土	盐化潮土	黏质硫酸盐盐化潮土	重壤质中度盐化潮土	4.29	5.92	4.95
盐土	草甸盐土	壤质硫酸盐盐土	中壤质底沙草甸盐土	3.40	6.12	4.93
潮土	盐化潮土	壤质氯化物盐化潮土	轻壤质底黏轻度盐化潮土	4.50	5.27	4.84
潮土	潮土	壤质冲积物	中壤质底沙潮土	3.20	8.22	4.70
潮土	潮土	黏质冲积物	重壤质底壤潮土	3.26	5.95	4.22

二、耕层土壤有效铁含量分级及特点

武强县耕地土壤有效铁含量处于 2~4 级，其中最多的为 3 级，面积 380826.4 亩，占总耕地面积的 86.7%；最少的为 2 级，面积 1569.1 亩，占总耕地面积的 0.4%。没有 1 级、5 级。2 级全部分布在豆村乡。3 级主要分布在北代乡、豆村乡。4 级主要分布在街关镇、武强镇。

表 4 - 53　耕地耕层有效铁含量分级及面积

级别	1	2	3	4	5
范围/（mg/kg）	>20.0	20.0~10.0	10.0~4.5	4.5~0.25	≤0.25
耕地面积/亩	0.0	1569.1	380826.4	56864.5	0.0
占总耕地（%）	0.0	0.4	86.7	12.9	0.0

（一）耕地耕层有效铁含量 2 级地行政区域分布特点

2 级地面积为 1569.1 亩，占总耕地面积的 0.4%。2 级地全部分布在豆村乡。

（二）耕地耕层有效铁含量 3 级地行政区域分布特点

3 级地面积为 380826.4 亩，占总耕地面积的 86.7%。北代乡面积为 82313.0 亩，占本级耕地面积的 21.61%；豆村乡面积为 75534.2 亩，占本级耕地面积的 19.83%。详细分析结果见表 4 - 54。

表 4 - 54　耕地耕层有效铁含量 3 级地行政区域分布

乡镇	面积/亩	占本级面积（%）
北代乡	82313.0	21.61
豆村乡	75534.2	19.83
孙庄乡	71020.0	18.65
武强镇	57116.5	15.00
街关镇	50102.7	13.16
周窝镇	44740.0	11.75

（三）耕地耕层有效铁含量 4 级地行政区域分布特点

4 级地面积为 56864.5 亩，占总耕地面积的 12.9%。街关镇面积为 23967.4 亩，占本级耕地面积的 42.15%；武强镇面积为 11658.4 亩，占本级耕地面积的 20.50%。详细分析结果见表 4 - 55。

表 4 - 55　耕地耕层有效铁含量 4 级地行政区域分布

乡镇	面积/亩	占本级面积（%）
街关镇	23967.4	42.15
武强镇	11658.4	20.50
周窝镇	9935.0	17.47
北代乡	6037.0	10.62
孙庄乡	3830.0	6.74
豆村乡	1436.7	2.52

第八节　有效锰

一、耕层土壤有效锰含量及分布特点

本次耕地地力调查共化验分析耕层土壤样本 2267 个，通过应用克里金空间插值技术并对其进行空间分析得知，武强县耕层土壤有效锰含量平均为 6.60mg/kg，变化幅度为 3.94~9.77mg/kg。

（一）耕层土壤有效锰含量的行政区域分布特点

利用行政区划图对土壤有效锰含量栅格数据进行区域统计发现，土壤有效锰含量平均值达到 6.50mg/kg 的乡镇有豆村乡、北代乡、武强镇，面积为 235665.0 亩，占武强县总耕地面积的 53.7%，其中豆村乡 1 个乡镇平均含量超过了 7.00mg/kg，面积合计为 78540.0 亩，占武强县总耕地面积的 17.9%。平均值小于 6.50mg/kg 的乡镇有孙庄乡、周窝镇、街关镇，面积为 203595.0 亩，占武强县总耕地面积的 46.3%，其中街关镇 1 个乡镇平均含量低于 6.00mg/kg，面积合计为 74070.0 亩，占武强县总耕地面积的 16.9%。详细分析结果见表 4-56。

表 4-56　不同行政区域耕层土壤有效锰含量的分布特点

乡镇	面积/亩	占总耕地（%）	最小值/（mg/kg）	最大值/（mg/kg）	平均值/（mg/kg）
豆村乡	78540.0	17.9	4.15	9.77	7.72
北代乡	88350.0	20.1	4.84	9.45	6.86
武强镇	68775.0	15.7	4.65	8.77	6.60
孙庄乡	74850.0	17.0	3.94	9.56	6.28
周窝镇	54675.0	12.4	4.49	9.40	6.18
街关镇	74070.0	16.9	4.23	8.25	5.85

（二）耕层土壤有效锰含量与土壤质地的关系

利用土壤质地图对土壤有效锰含量栅格数据进行区域统计发现，土壤有效锰含量最高的质地是重壤质，平均含量达到了 6.85mg/kg，变化幅度为 3.96~9.77mg/kg，而最低的质地为轻壤质，平均含量为 6.00mg/kg，变化幅度为 4.15~9.45mg/kg。各质地有效锰含量平均值由大到小的排列顺序为：重壤质、中壤质、轻壤质。详细分析结果见表 4-57。

表 4-57　不同土壤质地与耕层土壤有效锰含量的分布特点　　单位：mg/kg

土壤质地	最小值	最大值	平均值
重壤质	3.96	9.77	6.85
中壤质	3.94	9.56	6.47
轻壤质	4.15	9.45	6.00

（三）耕层土壤有效锰含量与土壤分类的关系

1. 耕层土壤有效锰含量与土类的关系

在 2 个土类中，土壤有效锰含量最高的土类是盐土，平均含量达到了 6.92mg/kg，变化幅度为 4.85～8.51mg/kg，而最低的土类为潮土，平均含量为 6.59mg/kg，变化幅度为 3.94～9.77mg/kg。详细分析结果见表 4-58。

表 4-58　不同土类耕层土壤有效锰含量的分布特点　　单位：mg/kg

土壤类型	最小值	最大值	平均值
盐土	4.85	8.51	6.92
潮土	3.94	9.77	6.59

2. 耕层土壤有效锰含量与亚类的关系

在 3 个亚类中，土壤有效锰含量最高的亚类是盐土—草甸盐土，平均含量达到了 6.91mg/kg，变化幅度为 4.85～8.51mg/kg，而最低的亚类为潮土—潮土，平均含量为 6.59mg/kg，变化幅度为 3.94～9.77mg/kg。各亚类有效锰含量平均值由大到小的排列顺序和详细分析结果见表 4-59。

表 4-59　不同亚类耕层土壤有效锰含量的分布特点　　单位：mg/kg

土类	亚类	最小值	最大值	平均值
盐土	草甸盐土	4.85	8.51	6.91
潮土	盐化潮土	4.26	9.45	6.62
潮土	潮土	3.94	9.77	6.59

3. 耕层土壤有效锰含量与土属的关系

在 8 个土属中，土壤有效锰含量最高的土属是盐土—草甸盐土—壤质氯化物盐土，平均含量达到了 7.03mg/kg，变化幅度为 4.85～8.51mg/kg，而最低的土属为潮土—潮土—壤质冲积物，平均含量为 6.25mg/kg，变化幅度为 3.94～9.56mg/kg。各土属有效锰含量平均值由大到小的排列顺序和详细分析结果见表 4-60。

表4-60 不同土属耕层土壤有效锰含量的分布特点　　　　单位：mg/kg

土类	亚类	土属	最小值	最大值	平均值
盐土	草甸盐土	壤质氯化物盐土	4.85	8.51	7.03
潮土	潮土	黏质冲积物	3.96	9.77	6.85
潮土	盐化潮土	黏质硫酸盐盐化潮土	5.10	9.07	6.82
潮土	盐化潮土	壤质硫酸盐盐化潮土	4.26	9.45	6.75
盐土	草甸盐土	壤质硫酸盐盐土	6.03	7.43	6.75
潮土	盐化潮土	黏质氯化物盐化潮土	5.61	6.86	6.67
潮土	盐化潮土	壤质氯化物盐化潮土	4.26	9.45	6.30
潮土	潮土	壤质冲积物	3.94	9.56	6.25

4. 耕层土壤有效锰含量与土种的关系

在24个土种中，土壤有效锰含量最高的土种是潮土—盐化潮土—黏质硫酸盐盐化潮土—重壤质底沙轻度盐化潮土，平均含量达到了8.70mg/kg，变化幅度为8.50~9.07mg/kg，而最低的土种为潮土—盐化潮土—黏质硫酸盐盐化潮土—重壤质中度盐化潮土，平均含量为5.51mg/kg，变化幅度为5.10~6.53mg/kg。各土种有效锰含量平均值由大到小排列顺序和详细分析结果见表4-61。

表4-61 不同土种耕层土壤有效锰含量的分布特点　　　　单位：mg/kg

土类	亚类	土属	土种	最小值	最大值	平均值
潮土	盐化潮土	黏质硫酸盐盐化潮土	重壤质底沙轻度盐化潮土	8.50	9.07	8.70
潮土	潮土	黏质冲积物	重壤质底沙潮土	5.64	9.09	7.26
潮土	盐化潮土	黏质硫酸盐盐化潮土	黏质硫酸盐盐化潮土	5.17	8.41	7.08
盐土	草甸盐土	壤质氯化物盐土	轻壤质草甸盐土	4.85	8.51	7.03
潮土	盐化潮土	壤质硫酸盐盐化潮土	中壤质底沙轻度盐化潮土	5.34	8.48	6.97
潮土	盐化潮土	壤质硫酸盐盐化潮土	中壤质重度盐化潮土	4.89	9.02	6.90
潮土	潮土	黏质冲积物	重壤质潮土	3.96	9.77	6.85
潮土	盐化潮土	壤质硫酸盐盐化潮土	中壤质中度盐化潮土	5.03	9.02	6.80
潮土	盐化潮土	壤质硫酸盐盐化潮土	中壤质轻度盐化潮土	4.26	9.45	6.78
盐土	草甸盐土	壤质硫酸盐盐土	中壤质底沙草甸盐土	6.03	7.43	6.75

续表

土类	亚类	土属	土种	最小值	最大值	平均值
潮土	盐化潮土	黏质氯化物盐化潮土	重壤质底沙中度盐化潮土	5.61	6.86	6.67
潮土	盐化潮土	壤质氯化物盐化潮土	轻壤质中度盐化潮土	4.26	9.15	6.66
潮土	潮土	壤质冲积物	轻壤质底沙潮土	6.00	7.09	6.56
潮土	盐化潮土	壤质硫酸盐盐化潮土	中壤质底沙重度盐化潮土	4.70	8.30	6.48
潮土	潮土	壤质冲积物	中壤质潮土	3.94	9.56	6.38
潮土	盐化潮土	壤质氯化物盐化潮土	轻壤质底黏轻度盐化潮土	5.92	6.61	6.34
潮土	盐化潮土	壤质硫酸盐盐化潮土	中壤质底沙中度盐化潮土	5.04	8.48	6.30
潮土	盐化潮土	壤质氯化物盐化潮土	轻壤质重度盐化潮土	4.89	9.33	6.22
潮土	盐化潮土	壤质氯化物盐化潮土	轻壤质轻度盐化潮土	4.51	9.45	6.15
潮土	潮土	壤质冲积物	中壤质底沙潮土	4.85	7.84	6.03
潮土	潮土	黏质冲积物	重壤质底壤潮土	4.85	6.85	5.94
潮土	潮土	壤质冲积物	轻壤质底黏潮土	4.48	7.28	5.90
潮土	潮土	壤质冲积物	轻壤质潮土	4.15	7.59	5.63
潮土	盐化潮土	黏质硫酸盐盐化潮土	重壤质中度盐化潮土	5.10	6.53	5.51

二、耕层土壤有效锰含量分级及特点

武强县耕地土壤有效锰含量处于 3～5 级，其中最多的为 3 级，面积 408108.3 亩，占总耕地面积的 92.9%；最少的为 5 级，面积 21.3 亩，不到总耕地面积的 0.1%。没有 1 级、2 级。3 级主要分布在北代乡、豆村乡。4 级主要分布在孙庄乡、街关镇。5 级全部分布在周窝镇。

表 4－62　耕地耕层有效锰含量分级及面积

级别	1	2	3	4	5
范围／（mg/kg）	> 30.0	30.0～15.0	15.0～5.0	5.0～1.0	≤1.0
耕地面积／亩	0.0	0.0	408108.3	31130.4	21.3
占总耕地（%）	0.0	0.0	92.9	7.1	0.0

（一）耕地耕层有效锰含量3级地行政区域分布特点

3级地面积为408108.3亩，占总耕地面积的92.9%。北代乡面积为87936.6亩，占本级耕地面积的21.55%；豆村乡面积为77503.9亩，占本级耕地面积的18.99%。详细分析结果见表4-63。

表4-63　耕地耕层有效锰含量3级地行政区域分布

乡镇	面积/亩	占本级面积（%）
北代乡	87936.6	21.55
豆村乡	77503.9	18.99
武强镇	66682.9	16.34
街关镇	63570.1	15.58
孙庄乡	61515.4	15.07
周窝镇	50899.4	12.47

（二）耕地耕层有效锰含量4级地行政区域分布特点

4级地面积为31130.4亩，占总耕地面积的7.1%。孙庄乡面积为13334.6亩，占本级耕地面积的42.83%；街关镇面积为10500.0亩，占本级耕地面积的33.73%。详细分析结果见表4-64。

表4-64　耕地耕层有效锰含量4级地行政区域分布

乡镇	面积/亩	占本级面积（%）
孙庄乡	13334.5	42.83
街关镇	10500.0	33.73
周窝镇	3754.4	12.06
武强镇	2092.1	6.72
豆村乡	1036.0	3.33
北代乡	413.4	1.33

（三）耕地耕层有效锰含量5级地行政区域分布特点

5级地面积为21.3亩，小于总耕地面积的0.1%。5级地全部分布在周窝镇。

第九节　有效锌

一、耕层土壤有效锌含量及分布特点

本次耕地地力调查共化验分析耕层土壤样本2267个，通过应用克里金空间插值技术并对其进行空间分析得知，武强县耕层土壤有效锌含量平均为 1.30mg/kg，变化幅度为 0.77～2.91mg/kg。

（一）耕层土壤有效锌含量的行政区域分布特点

利用行政区划图对土壤有效锌含量栅格数据进行区域统计发现，土壤有效锌含量平均值达到 1.30mg/kg 的乡镇有豆村乡、周窝镇、街关镇，面积为 207285.0 亩，占武强县总耕地面积的 47.2%，其中豆村乡 1 个乡镇平均含量超过了 1.50mg/kg，面积合计为 78540.0 亩，占武强县总耕地面积的 17.9%。平均值小于 1.30mg/kg 的乡镇有孙庄乡、武强镇、北代乡，面积为 231975.0 亩，占武强县总耕地面积的 52.8%，其中北代乡 1 个乡镇平均含量低于 1.10mg/kg，面积合计为 88350.0 亩，占武强县总耕地面积的 20.1%。详细分析结果见表 4-65。

表 4-65　不同行政区域耕层土壤有效锌含量的分布特点

乡镇	面积/亩	占总耕地（%）	最小值/（mg/kg）	最大值/（mg/kg）	平均值/（mg/kg）
豆村乡	78540.0	17.9	1.05	2.91	1.66
周窝镇	54675.0	12.4	0.94	2.24	1.43
街关镇	74070.0	16.9	0.85	2.16	1.34
孙庄乡	74850.0	17.0	0.94	1.72	1.28
武强镇	68775.0	15.7	0.77	1.48	1.13
北代乡	88350.0	20.1	0.86	1.80	1.07

（二）耕层土壤有效锌含量与土壤质地的关系

利用土壤质地图对土壤有效锌含量栅格数据进行区域统计发现，土壤有效锌含量最高的质地是重壤质，平均含量达到了 1.33mg/kg，变化幅度为 0.85～2.62mg/kg，而最低的质地为中壤质，平均含量为 1.27mg/kg，变化幅度为 0.77～2.91mg/kg。各质地有效锌含量平均值由大到小的排列顺序为：重壤质、轻壤质、中壤质。详细分析结果见表 4-66。

表 4-66　不同土壤质地与耕层土壤有效锌含量的分布特点　　　单位：mg/kg

土壤质地	最小值	最大值	平均值
重壤质	0.85	2.62	1.33
轻壤质	0.84	2.24	1.27
中壤质	0.77	2.91	1.27

（三）耕层土壤有效锌含量与土壤分类的关系

1. 耕层土壤有效锌含量与土类的关系

在 2 个土类中，土壤有效锌含量最高的土类是盐土，平均含量达到了 1.35mg/kg，变化幅度为 0.84~2.24mg/kg，而最低的土类为潮土，平均含量为 1.30mg/kg，变化幅度为 0.77~2.91mg/kg。详细分析结果见表 4-67。

表 4-67　不同土类耕层土壤有效锌含量的分布特点　　　　单位：mg/kg

土壤类型	最小值	最大值	平均值
盐土	0.84	2.24	1.35
潮土	0.77	2.91	1.30

2. 耕层土壤有效锌含量与亚类的关系

在 3 个亚类中，土壤有效锌含量最高的亚类是盐土—草甸盐土，平均含量达到了 1.35mg/kg，变化幅度为 0.84~2.24mg/kg，而最低的亚类为潮土—盐化潮土，平均含量为 1.21mg/kg，变化幅度为 0.80~2.91mg/kg。各亚类有效锌含量平均值由大到小的排列顺序为：盐土—草甸盐土、潮土—潮土、潮土—盐化潮土。详细分析结果见表 4-68。

表 4-68　不同亚类耕层土壤有效锌含量的分布特点　　　　单位：mg/kg

土类	亚类	最小值	最大值	平均值
盐土	草甸盐土	0.84	2.24	1.35
潮土	潮土	0.77	2.89	1.31
潮土	盐化潮土	0.80	2.91	1.21

3. 耕层土壤有效锌含量与土属的关系

在 8 个土属中，土壤有效锌含量最高的土属是盐土—草甸盐土—壤质氯化物盐土，平均含量达到了 1.56mg/kg，变化幅度为 0.84~2.24mg/kg，而最低的土属为盐土—草甸盐土—壤质硫酸盐盐土，平均含量为 1.08mg/kg，变化幅度为 0.96~1.21mg/kg。各土属有效锌含量平均值由大到小的排列见表 4-69。

表 4-69　不同土属耕层土壤有效锌含量的分布特点　　　　单位：mg/kg

土类	亚类	土属	最小值	最大值	平均值
盐土	草甸盐土	壤质氯化物盐土	0.84	2.24	1.56
潮土	盐化潮土	黏质氯化物盐化潮土	0.97	1.58	1.37
潮土	盐化潮土	黏质硫酸盐盐化潮土	0.87	2.18	1.37
潮土	潮土	黏质冲积物	0.85	2.62	1.33
潮土	潮土	壤质冲积物	0.77	2.89	1.29

续表

土类	亚类	土属	最小值	最大值	平均值
潮土	盐化潮土	壤质硫酸盐盐化潮土	0.80	2.91	1.20
潮土	盐化潮土	壤质氯化物盐化潮土	0.85	2.06	1.19
盐土	草甸盐土	壤质硫酸盐盐土	0.96	1.21	1.08

4. 耕层土壤有效锌含量与土种的关系

在 24 个土种中，土壤有效锌含量最高的土种是潮土—盐化潮土—黏质硫酸盐盐化潮土—无，平均含量达到了 1.78mg/kg，变化幅度为 1.06~2.18mg/kg，而最低的土种为潮土—潮土—壤质冲积物—轻壤质底沙潮土，平均含量为 0.96mg/kg，变化幅度为 0.89~1.01mg/kg。详细分析结果见表 4-70。

表 4-70　不同土种耕层土壤有效锌含量的分布特点 单位：mg/kg

土类	亚类	土属	土种	最小值	最大值	平均值
潮土	盐化潮土	黏质硫酸盐盐化潮土	黏质硫酸盐盐化潮土	1.06	2.18	1.78
盐土	草甸盐土	壤质氯化物盐土	轻壤质草甸盐土	0.84	2.24	1.56
潮土	潮土	壤质冲积物	轻壤质底黏潮土	0.91	1.69	1.42
潮土	盐化潮土	壤质硫酸盐盐化潮土	中壤质重度盐化潮土	0.83	2.91	1.39
潮土	盐化潮土	黏质硫酸盐盐化潮土	重壤质底沙轻度盐化潮土	1.30	1.46	1.38
潮土	盐化潮土	黏质氯化物盐化潮土	重壤质底沙中度盐化潮土	0.97	1.58	1.37
潮土	潮土	黏质冲积物	重壤质底壤潮土	1.18	1.54	1.34
潮土	潮土	黏质冲积物	重壤质潮土	0.85	2.62	1.33
潮土	潮土	壤质冲积物	中壤质潮土	0.77	2.89	1.29
潮土	潮土	壤质冲积物	轻壤质潮土	0.89	1.88	1.28
潮土	盐化潮土	壤质硫酸盐盐化潮土	中壤质中度盐化潮土	0.84	2.80	1.26
潮土	盐化潮土	壤质氯化物盐化潮土	轻壤质轻度盐化潮土	0.85	1.73	1.24
潮土	潮土	壤质冲积物	中壤质底沙潮土	0.89	1.54	1.22
潮土	盐化潮土	壤质硫酸盐盐化潮土	中壤质轻度盐化潮土	0.81	2.61	1.19
潮土	盐化潮土	壤质氯化物盐化潮土	轻壤质重度盐化潮土	0.85	1.79	1.19

续表

土类	亚类	土属	土种	最小值	最大值	平均值
潮土	盐化潮土	壤质硫酸盐盐化潮土	中壤质底沙轻度盐化潮土	0.89	1.81	1.16
潮土	盐化潮土	壤质氯化物盐化潮土	轻壤质中度盐化潮土	0.87	2.06	1.12
潮土	盐化潮土	壤质硫酸盐盐化潮土	中壤质底沙中度盐化潮土	0.90	1.44	1.11
潮土	盐化潮土	壤质硫酸盐盐化潮土	中壤质底沙重度盐化潮土	0.80	2.67	1.10
盐土	草甸盐土	壤质硫酸盐盐土	中壤质底沙草甸盐土	0.96	1.21	1.08
潮土	潮土	黏质冲积物	重壤质底沙潮土	0.90	1.33	1.04
潮土	盐化潮土	壤质氯化物盐化潮土	轻壤质底黏轻度盐化潮土	0.96	1.08	1.03
潮土	盐化潮土	黏质硫酸盐盐化潮土	重壤质中度盐化潮土	0.87	1.08	0.97
潮土	潮土	壤质冲积物	轻壤质底沙潮土	0.89	1.01	0.96

二、耕层土壤有效锌含量分级及特点

武强县耕地土壤有效锌含量处于 2～3 级，其中最多的为 2 级，面积 398998.6 亩，占总耕地面积的 90.8%；最少的为 3 级，面积 40261.4 亩，占总耕地面积的 9.2%。没有 1 级、4 级、5 级。2 级主要分布在豆村乡、孙庄乡。3 级主要分布在北代乡、武强镇。

表 4-71　耕地耕层有效锌含量分级及面积

级别	1	2	3	4	5
范围/（mg/kg）	>3.0	3.0～1.0	1.0～0.5	0.5～0.3	≤0.3
耕地面积/亩	0.0	398998.6	40261.4	0.0	0.0
占总耕地（%）	0.0	90.8	9.2	0.0	0.0

（一）耕地耕层有效锌含量 2 级地行政区域分布特点

2 级地面积为 398998.6 亩，占总耕地面积的 90.8%。豆村乡面积为 78540.0 亩，占本级耕地面积的 19.68%；孙庄乡面积为 74448.9 亩，占本级耕地面积的 18.66%。详细分析结果见表 4-72。

表 4 - 72　耕地耕层有效锌含量 2 级地行政区域分布

乡镇	面积/亩	占本级面积（%）
豆村乡	78540.0	19.68
孙庄乡	74448.9	18.66
街关镇	68355.3	17.13
北代乡	65583.6	16.44
武强镇	58479.8	14.66
周窝镇	53591.0	13.43

（二）耕地耕层有效锌含量 3 级地行政区域分布特点

3 级地面积为 40261.4 亩，占总耕地面积的 9.2% 。北代乡面积为 22766.4 亩，占本级耕地面积的 56.55% ；武强镇面积为 10295.2 亩，占本级耕地面积的 25.57% 。详细分析结果见表 4 - 73。

表 4 - 73　耕地耕层有效锌含量 3 级地行政区域分布

乡镇	面积/亩	占本级面积（%）
北代乡	22766.4	56.55
武强镇	10295.2	25.57
街关镇	5714.7	14.19
周窝镇	1084.0	2.69
孙庄乡	401.1	1.00

第十节　有效硫

一、耕层土壤有效硫含量及分布特点

本次耕地地力调查共化验分析耕层土壤样本 2267 个，通过应用克里金空间插值技术并对其进行空间分析得知，武强县耕层土壤有效硫含量平均为 16.11mg/kg，变化幅度为 12.41～19.39mg/kg。

（一）耕层土壤有效硫含量的行政区域分布特点

利用行政区划图对土壤有效硫含量栅格数据进行区域统计发现，土壤有效硫含量平均值达到 16.00mg/kg 的乡镇有北代乡、街关镇、武强镇，面积为 231195.0 亩，占武强县总耕地面积的 52.6% ，其中北代乡 1 个乡镇平均含量超过了 16.80mg/kg，面积合计为 88350.0 亩，占武强县总耕地面积的 20.1% 。平均值小于 16.00mg/kg 的乡镇有周窝镇、孙庄乡、豆村乡，面积为 208065.0 亩，占武强县总耕地面积的 47.4% ，其中豆村乡 1 个乡镇平均含量低于 15.00mg/kg，面积合计为 78540.0 亩，占武强县总耕地面积的 17.9%。详细分析结果见表 4 - 74。

表 4 - 74　不同行政区域耕层土壤有效硫含量的分布特点

乡镇	面积/亩	占总耕地（%）	最小值/（mg/kg）	最大值/（mg/kg）	平均值/（mg/kg）
北代乡	88350.0	20.1	14.19	19.39	16.84
街关镇	74070.0	16.9	13.89	18.44	16.55
武强镇	68775.0	15.7	14.97	18.03	16.13
周窝镇	54675.0	12.4	12.41	17.77	15.85
孙庄乡	74850.0	17.0	13.20	17.33	15.05
豆村乡	78540.0	17.9	12.82	17.34	14.75

（二）耕层土壤有效硫含量与土壤质地的关系

利用土壤质地图对土壤有效硫含量栅格数据进行区域统计发现，土壤有效硫含量最高的质地是重壤质，平均含量达到了 16.16mg/kg，变化幅度为 12.41 ~ 18.64mg/kg，而最低的质地为轻壤质，平均含量为 16.03mg/kg，变化幅度为 13.84 ~ 18.44mg/kg。各质地有效硫含量平均值由大到小的排列顺序为：重壤质、中壤质、轻壤质。详细分析结果见表 4 - 75。

表 4 - 75　不同土壤质地与耕层土壤有效硫含量的分布特点　　单位：mg/kg

土壤质地	最小值	最大值	平均值
重壤质	12.41	18.64	16.16
中壤质	12.82	19.39	16.09
轻壤质	13.84	18.44	16.03

（三）耕层土壤有效硫含量与土壤分类的关系

1. 耕层土壤有效硫含量与土类的关系

在 2 个土类中，土壤有效硫含量最高的土类是潮土，平均含量达到了 16.12mg/kg，变化幅度为 12.41 ~ 19.39mg/kg，而最低的土类为盐土，平均含量为 15.28mg/kg，变化幅度为 13.94 ~ 17.09mg/kg。详细分析结果见表 4 - 76。

表 4 - 76　不同土类耕层土壤有效硫含量的分布特点　　单位：mg/kg

土壤类型	最小值	最大值	平均值
潮土	12.41	19.39	16.12
盐土	13.94	17.09	15.28

2. 耕层土壤有效硫含量与亚类的关系

在 3 个亚类中，土壤有效硫含量最高的亚类是潮土—盐化潮土，平均含量达到了 16.17mg/kg，变化幅度为 12.82~19.39mg/kg，而最低的亚类为盐土—草甸盐土，平均含量为 15.28mg/kg，变化幅度为 13.94~17.09mg/kg。各亚类有效硫含量平均值由大到小的排列顺序为见表 4-77。

表 4-77　不同亚类耕层土壤有效硫含量的分布特点　　　　　单位：mg/kg

土类	亚类	最小值	最大值	平均值
潮土	盐化潮土	12.82	19.39	16.17
潮土	潮土	12.41	18.64	16.11
盐土	草甸盐土	13.94	17.09	15.28

3. 耕层土壤有效硫含量与土属的关系

在 7 个土属中，土壤有效硫含量最高的土属是潮土—盐化潮土—壤质氯化物盐化潮土，平均含量达到了 16.52mg/kg，变化幅度为 13.84~18.44mg/kg，而最低的土属为潮土—盐化潮土—黏质氯化物盐化潮土，平均含量为 15.11mg/kg，变化幅度为 13.89~16.28mg/kg。各土属有效硫含量平均值由大到小的排列顺序见表 4-78。

表 4-78　不同土属耕层土壤有效硫含量的分布特点　　　　　单位：mg/kg

土类	亚类	土属	最小值	最大值	平均值
潮土	盐化潮土	壤质氯化物盐化潮土	13.84	18.44	16.52
潮土	潮土	黏质冲积物	12.41	18.64	16.17
潮土	盐化潮土	壤质硫酸盐盐化潮土	12.82	19.39	16.06
潮土	潮土	壤质冲积物	12.82	18.64	16.05
潮土	盐化潮土	黏质硫酸盐盐化潮土	13.93	16.49	15.40
盐土	草甸盐土	壤质氯化物盐土	13.94	17.09	15.28
潮土	盐化潮土	黏质氯化物盐化潮土	13.89	16.28	15.11

4. 耕层土壤有效硫含量与土种的关系

在 19 个土种中，土壤有效硫含量最高的土种是潮土—潮土—壤质冲积物—中壤质底沙潮土，平均含量达到了 18.09mg/kg，变化幅度为 17.97~18.64mg/kg，而最低的土种为潮土—盐化潮土—黏质氯化物盐化潮土—重壤质底沙中度盐化潮土，平均含量为 15.11mg/kg，变化幅度为 13.89~16.28mg/kg。详细分析结果见表 4-79。

表 4 - 79　不同土种耕层土壤有效硫含量的分布特点　　　　　　单位：mg/kg

土类	亚类	土属	土种	最小值	最大值	平均值
潮土	潮土	壤质冲积物	中壤质底沙潮土	17.97	18.64	18.09
潮土	盐化潮土	壤质氯化物盐化潮土	轻壤质底黏轻度盐化潮土	17.03	17.03	17.03
潮土	盐化潮土	壤质氯化物盐化潮土	轻壤质中度盐化潮土	14.50	17.50	16.93
潮土	盐化潮土	壤质硫酸盐盐化潮土	中壤质底沙轻度盐化潮土	13.97	19.39	16.86
潮土	盐化潮土	壤质硫酸盐盐化潮土	中壤质底沙中度盐化潮土	15.96	18.44	16.58
潮土	盐化潮土	壤质氯化物盐化潮土	轻壤质重度盐化潮土	13.84	18.44	16.42
潮土	潮土	黏质冲积物	重壤质底壤潮土	16.02	16.70	16.28
潮土	盐化潮土	壤质硫酸盐盐化潮土	中壤质底沙重度盐化潮土	14.78	17.03	16.26
潮土	盐化潮土	壤质硫酸盐盐化潮土	中壤质中度盐化潮土	12.82	18.12	16.24
潮土	潮土	黏质冲积物	重壤质潮土	12.41	18.64	16.17
潮土	盐化潮土	壤质氯化物盐化潮土	轻壤质轻度盐化潮土	14.58	18.44	16.16
潮土	潮土	壤质冲积物	中壤质潮土	12.82	18.64	16.10
潮土	盐化潮土	壤质硫酸盐盐化潮土	中壤质轻度盐化潮土	13.84	19.39	15.93
潮土	潮土	壤质冲积物	轻壤质潮土	14.37	18.22	15.90
潮土	潮土	壤质冲积物	轻壤质底黏潮土	13.89	17.13	15.68
潮土	盐化潮土	黏质硫酸盐盐化潮土	黏质硫酸盐盐化潮土	13.93	16.49	15.40
盐土	草甸盐土	壤质氯化物盐土	轻壤质草甸盐土	13.94	17.09	15.28
潮土	盐化潮土	壤质硫酸盐盐化潮土	中壤质重度盐化潮土	13.94	17.03	15.23
潮土	盐化潮土	黏质氯化物盐化潮土	重壤质底沙中度盐化潮土	13.89	16.28	15.11

二、耕层土壤有效硫含量分级及特点

武强县耕地土壤有效硫含量处于 2～3 级，其中最多的为 2 级，面积 438140.0 亩，占总耕地面积的 99.7%；最少的为 3 级，面积 1120.0 亩，占总耕地面积的 0.3%。没有 1 级、4 级。2 级主要分布在北代乡、豆村乡。3 级全部分布在街关镇。

表 4 – 80　耕地耕层有效硫含量分级及面积

级别	1	2	3	4
范围/（mg/kg）	>30	30~16	16~10	≤10
耕地面积/亩	0.0	438140.0	1120.0	0.0
占总耕地（%）	0.0	99.7	0.3	0.0

（一）耕地耕层有效硫含量 2 级地行政区域分布特点

2 级地面积为 438140.0 亩，占总耕地面积的 99.7%。北代乡面积为 88350.0 亩，占本级耕地面积的 20.16%；豆村乡面积为 78540.0 亩，占本级耕地面积的 17.93%。详细分析结果见表 4 – 81。

表 4 – 81　耕地耕层有效硫含量 2 级地行政区域分布

乡镇	面积/亩	占本级面积（%）
北代乡	88350.0	20.16
豆村乡	78540.0	17.93
孙庄乡	74850.0	17.08
街关镇	72950.0	16.65
武强镇	68775.0	15.70
周窝镇	54675.0	12.48

（二）耕地耕层有效硫含量 3 级地行政区域分布特点

3 级地面积为 1120.0 亩，占总耕地面积的 0.3%。3 级地全部分布在街关镇。

第五章　耕地地力评价

本次耕地地力调查，结合武强县的实际情况，共选取 9 个对耕地地力影响比较大、区域内变异明显、在时间序列上具有相对稳定性、与农业生产有密切关系的因素，建立评价指标体系。以 1∶50000 土壤图、土地利用现状图、行政区划图 3 种图件叠加形成的图斑为评价单元。应用农业部统一提供的软件对武强县耕地进行评价，武强县耕地等级共划分为 6 级地，耕地地力等级在 1～6 级。

第一节　耕地地力分级

一、面积统计

利用 ARC/INFO 软件，对评价图属性进行空间分析，检索统计耕地各等级的面积及图幅总面积。2011 年武强县耕地总面积 439260 亩为基准，按面积比例进行平差，计算各耕地地力等级面积。

武强县耕地总面积为 439260 亩，其中 1 级地 104752.2 亩，占耕地总面积的23.8%，2 级地 116879.2 亩，占耕地总面积的 26.6%，3 级地 131615.4 亩，占耕地总面积 30.0%，4 级地 32411.6 亩，占耕地总面积的 7.4%，5 级地 41887.2 亩，占耕地总面积的 9.5%，6 级地 11714.4 亩，占耕地总面积的 2.7% （见表 5 – 1）。

表 5 – 1　耕地地力评价结果

等级	耕地面积/亩	占总耕地（%）
1	104752.2	23.8
2	116879.2	26.6
3	131615.4	30.0
4	32411.6	7.4
5	41887.2	9.5
6	11714.4	2.7

二、地域分布

（一）耕地地力等级地域分布

从等级分布图上可以看出，1 级、2 级地集中分布在武强县的中南部地区，该区地势平坦，水利设施良好，土壤质地多为这中壤质、重壤质；3级、4级地主要分布在东南部地区；5级、6级地主要分布在北部地区。具体详见表5-2~表5-7。

表5-2 豆村乡耕地地力等级统计表

级别	面积/亩	百分比（%）
1	15983.1	20.3
2	41057.9	52.3
3	17949.5	22.8
4	1236.0	1.6
5	1629.6	2.1
6	683.9	0.9

表5-3 武强镇耕地地力等级统计表

级别	面积/亩	百分比（%）
1	26898.4	39.1
2	4594.6	6.7
3	15050.8	21.9
4	11044.8	16.1
5	5887.5	8.5
6	5298.9	7.7

表5-4 北代乡耕地地力等级统计表

级别	面积/亩	百分比（%）
1	18623.0	21.1
2	18354.1	20.8
3	27698.9	31.3
4	5096.3	5.8
5	14044.7	15.9
6	4533.0	5.1

表5-5 孙庄乡耕地地力等级统计表

级别	面积/亩	百分比（%）
1	9158.6	12.3
2	12949.5	17.3

续表

级别	面积/亩	百分比（%）
3	40487.2	54.1
4	5045.2	6.7
5	7105.2	9.5
6	104.3	0.1

表 5－6　街关镇耕地地力等级统计表

级别	面积/亩	百分比（%）
1	21410.6	28.9
2	24574.7	33.2
3	10023.0	13.5
4	7508.3	10.1
5	9843.0	13.3
6	710.4	1.0

表 5－7　周窝镇耕地地力等级统计表

级别	面积/亩	百分比（%）
1	12678.5	23.2
2	15348.4	28.1
3	20406.0	37.3
4	2481.0	4.5
5	3377.2	6.2
6	383.9	0.7

第二节　耕地地力等级分述

一、1 级地

（一）面积与分布

将耕地地力等级分布图与行政区划图进行叠加分析，从耕地地力等级行政区域分布数据库中按权属字段检索出各等级的记录，统计各级地在各乡镇的分布状况。武强县 1 级地，综合评价指数为 0.9293～0.90015，耕地面积 104752.1 亩，占耕地总面积的

23.8%。分析结果见表5-8。

表5-8 1级地行政分布

乡镇	面积/亩	占本级耕地（%）
武强镇	26898.4	25.7
街关镇	21410.6	20.4
北代乡	18623.0	17.8
豆村乡	15983.1	15.3
周窝镇	12678.5	12.1
孙庄乡	9158.6	8.7

（二）主要属性分析

1. 有机质含量

利用地力等级图对土壤有机质含量栅格数据进行区域统计得知，武强县1级地土壤有机质含量平均为13.4g/kg，变化幅度为8.18~23.64g/kg。

利用行政区划图与地力等级图叠加联合形成行政区划地力等级综合图，对土壤有机质含量栅格数据进行区域统计得知，1级地中，土壤有机质含量（平均值）最高的乡镇是武强镇，最低的乡镇是豆村乡，统计结果见表5-9。

表5-9 有机质1级地行政区域分布　　　　单位：g/kg

乡镇	最大值	最小值	平均值
武强镇	17.15	9.70	13.66
北代乡	18.39	8.84	13.51
孙庄乡	15.87	11.45	13.39
周窝镇	15.71	10.59	13.20
街关镇	16.97	9.41	13.15
豆村乡	23.64	8.18	12.89

2. 全氮含量

利用地力等级图对土壤全氮含量栅格数据进行区域统计得知，武强县1级地土壤全氮含量平均为0.92g/kg，变化幅度为0.60~1.66g/kg。

利用行政区划图与地力等级图叠加联合形成行政区划地力等级综合图，对土壤全氮含量栅格数据进行区域统计得知，1级地中，土壤全氮含量（平均值）最高的乡镇是周窝镇，最低的乡镇是豆村乡，统计结果见表5-10。

表 5 – 10　全氮 1 级地行政区域分布　　　　　　　单位：g/kg

乡镇	最大值	最小值	平均值
周窝镇	1.12	0.79	1.00
武强镇	1.66	0.73	0.95
街关镇	1.25	0.72	0.95
孙庄乡	1.12	0.81	0.94
北代乡	1.24	0.64	0.94
豆村乡	1.58	0.60	0.90

3. 有效磷含量

利用地力等级图对土壤有效磷含量栅格数据进行区域统计得知，武强县 1 级地土壤有效磷含量平均为 24.4mg/kg，变化幅度为 14.20～40.99mg/kg。

利用行政区划图与地力等级图叠加联合形成行政区划地力等级综合图，对土壤有效磷含量栅格数据进行区域统计得知，1 级地中，土壤有效磷含量（平均值）最高的乡镇是豆村乡，最低的乡镇是周窝镇，统计结果见表 5 – 11。

表 5 – 11　有效磷 1 级地行政区域分布　　　　　　　单位：mg/kg

乡镇	最大值	最小值	平均值
豆村乡	32.91	15.71	25.97
孙庄乡	32.33	19.46	25.09
武强镇	40.99	14.20	24.41
街关镇	37.11	16.12	24.23
北代乡	35.77	15.96	24.19
周窝镇	32.48	15.23	23.31

4. 速效钾含量

利用地力等级图对土壤速效钾含量栅格数据进行区域统计得知，武强县 1 级地土壤速效钾含量平均为 108.7mg/kg，变化幅度为 78.75～147.78mg/kg。

利用行政区划图与地力等级图叠加联合形成行政区划地力等级综合图，对土壤速效钾含量栅格数据进行区域统计得知，1 级地中，土壤速效钾含量（平均值）最高的乡镇是孙庄乡，最低的乡镇是街关镇，统计结果见表 5 – 12。

表 5 – 12　速效钾 1 级地行政区域分布　　　　　　　单位：mg/kg

乡镇	最大值	最小值	平均值
孙庄乡	132.48	92.25	111.03

乡镇	最大值	最小值	平均值
北代乡	147.78	89.60	110.89
武强镇	121.89	92.05	109.41
豆村乡	144.42	78.75	108.27
周窝镇	144.55	85.45	107.16
街关镇	137.90	84.91	106.34

5. 有效铜含量

利用地力等级图对土壤有效铜含量栅格数据进行区域统计得知，武强县1级地土壤有效铜含量平均为1.23mg/kg，变化幅度为0.48~2.00mg/kg。

利用行政区划图与地力等级图叠加联合形成行政区划地力等级综合图，对土壤有效铜含量栅格数据进行区域统计得知，1级地中，土壤有效铜含量（平均值）最高的乡镇是周窝镇，最低的乡镇是武强镇，统计结果见表5-13。

表5-13　有效铜1级地行政区域分布　　　　　　　　单位：mg/kg

乡镇	最大值	最小值	平均值
周窝镇	1.84	0.96	1.51
豆村乡	1.81	0.95	1.41
北代乡	2.00	0.74	1.31
孙庄乡	1.50	0.76	1.06
街关镇	1.51	0.48	1.03
武强镇	1.43	0.77	0.96

6. 有效铁含量

利用地力等级图对土壤有效铁含量栅格数据进行区域统计得知，武强县1级地土壤有效铁含量平均为5.2mg/kg，变化幅度为2.90~10.49mg/kg。

利用行政区划图与地力等级图叠加联合形成行政区划地力等级综合图，对土壤有效铁含量栅格数据进行区域统计得知，1级地中，土壤有效铁含量（平均值）最高的乡镇是豆村乡，最低的乡镇是街关镇，统计结果见表5-14。

表5-14　有效铁1级地行政区域分布　　　　　　　　单位：mg/kg

乡镇	最大值	最小值	平均值
豆村乡	10.49	3.51	7.33
北代乡	9.09	2.96	5.29

续表

乡镇	最大值	最小值	平均值
孙庄乡	6.81	3.77	5.07
周窝镇	7.04	3.39	4.96
武强镇	6.38	3.18	4.76
街关镇	7.65	2.90	4.68

7. 有效锰含量

利用地力等级图对土壤有效锰含量栅格数据进行区域统计得知，武强县1级地土壤有效锰含量平均为6.5mg/kg，变化幅度为3.94～9.45mg/kg。

利用行政区划图与地力等级图叠加联合形成行政区划地力等级综合图，对土壤有效锰含量栅格数据进行区域统计得知，1级地中，土壤有效锰含量（平均值）最高的乡镇是豆村乡，最低的乡镇是街关镇，统计结果见表5-15。

表5-15 有效锰1级地行政区域分布　　　　　　　　　单位：mg/kg

乡镇	最大值	最小值	平均值
豆村乡	9.23	4.46	7.54
北代乡	9.16	4.85	6.77
武强镇	8.70	4.74	6.54
周窝镇	8.92	4.49	6.41
孙庄乡	9.45	3.94	6.03
街关镇	8.03	4.23	5.96

8. 有效锌含量

利用地力等级图对土壤有效锌含量栅格数据进行区域统计得知，武强县1级地土壤有效锌含量平均为1.31mg/kg，变化幅度为0.77～2.80mg/kg。

利用行政区划图与地力等级图叠加联合形成行政区划地力等级综合图，对土壤有效锌含量栅格数据进行区域统计得知，1级地中，土壤有效锌含量（平均值）最高的乡镇是豆村乡，最低的乡镇是北代乡，统计结果见表5-16。

表5-16 有效锌1级地行政区域分布　　　　　　　　　单位：mg/kg

乡镇	最大值	最小值	平均值
豆村乡	2.80	1.06	1.73
周窝镇	2.05	0.94	1.43
街关镇	2.02	0.89	1.32

乡镇	最大值	最小值	平均值
孙庄乡	1.64	0.96	1.25
武强镇	1.44	0.77	1.13
北代乡	1.80	0.87	1.12

9. 有效硫含量

利用地力等级图对土壤有效硫含量栅格数据进行区域统计得知，武强县 1 级地土壤有效硫含量平均为 16.1mg/kg，变化幅度为 13.84～19.39mg/kg。

利用行政区划图与地力等级图叠加联合形成行政区划地力等级综合图，对土壤有效硫含量栅格数据进行区域统计得知，1 级地中，土壤有效硫含量（平均值）最高的乡镇是街关镇，最低的乡镇是豆村乡，统计结果见表 5－17。

表 5－17　有效硫 1 级地行政区域分布　　　　　单位：mg/kg

乡镇	最大值	最小值	平均值
街关镇	18.44	13.89	16.64
北代乡	19.39	14.19	16.57
周窝镇	17.77	13.97	15.90
武强镇	17.03	14.97	15.90
孙庄乡	16.16	13.97	15.15
豆村乡	17.34	13.84	15.04

二、2 级地

（一）面积与分布

将耕地地力等级分布图与行政区划图进行叠加分析，从耕地地力等级行政区域分布数据库中按权属字段检索出各等级的记录，统计各级地在各乡镇的分布状况。武强县 2 级地，综合评价指数为 0.89993～0.87001，耕地面积 116879.2 亩，占耕地总面积的 26.6%。分析结果见表 5－18。

表 5－18　　2 级地行政区域分布

乡镇	面积/亩	占本级耕地（%）
豆村乡	41057.9	35.1
街关镇	24574.7	21.1
北代乡	18354.1	15.7

乡镇	面积/亩	占本级耕地（%）
周窝镇	15348.4	13.1
孙庄乡	12949.5	11.1
武强镇	4594.6	3.9

（二）主要属性分析

1. 有机质含量

利用地力等级图对土壤有机质含量栅格数据进行区域统计得知，武强县2级地土壤有机质含量平均为14.1g/kg，变化幅度为8.19～23.64g/kg。

利用行政区划图与地力等级图叠加联合形成行政区划地力等级综合图，对土壤有机质含量栅格数据进行区域统计得知，2级地中，土壤有机质含量（平均值）最高的乡镇是豆村乡，最低的乡镇是街关镇，统计结果见表5-19。

表5-19　有机质2级地行政区域分布　　　　　　　　单位：g/kg

乡镇	最大值	最小值	平均值
豆村乡	23.64	9.00	15.50
北代乡	20.12	9.03	14.92
武强镇	18.13	10.46	14.70
孙庄乡	17.04	11.08	13.73
周窝镇	17.23	9.76	12.80
街关镇	17.83	8.19	12.08

2. 全氮含量

利用地力等级图对土壤全氮含量栅格数据进行区域统计得知，武强县2级地土壤全氮含量平均为1.04g/kg，变化幅度为0.63～1.69g/kg。

利用行政区划图与地力等级图叠加联合形成行政区划地力等级综合图，对土壤全氮含量栅格数据进行区域统计得知，2级地中，土壤全氮含量（平均值）最高的乡镇是武强镇，最低的乡镇是街关镇，统计结果见表5-20。

表5-20　全氮2级地行政区域分布　　　　　　　　单位：g/kg

乡镇	最大值	最小值	平均值
武强镇	1.69	0.72	1.10
豆村乡	1.58	0.63	1.07
北代乡	1.27	0.68	1.00

续表

乡镇	最大值	最小值	平均值
周窝镇	1.28	0.69	0.97
孙庄乡	1.18	0.77	0.96
街关镇	1.24	0.63	0.88

3. 有效磷含量

利用地力等级图对土壤有效磷含量栅格数据进行区域统计得知，武强县 2 级地土壤有效磷含量平均为 25.4mg/kg，变化幅度为 15.71～38.87mg/kg。

利用行政区划图与地力等级图叠加联合形成行政区划地力等级综合图，对土壤有效磷含量栅格数据进行区域统计得知，2 级地中，土壤有效磷含量（平均值）最高的乡镇是周窝镇，最低的乡镇是孙庄乡，统计结果见表 5－21。

表 5－21　有效磷 2 级地行政区域分布　　　　　单位：mg/kg

乡镇	最大值	最小值	平均值
周窝镇	33.65	15.75	26.31
武强镇	33.90	16.12	25.60
街关镇	38.87	15.94	25.43
豆村乡	37.47	15.71	25.35
北代乡	34.47	17.39	25.08
孙庄乡	31.38	18.17	24.42

4. 速效钾含量

利用地力等级图对土壤速效钾含量栅格数据进行区域统计得知，武强县 2 级地土壤速效钾含量平均为 113.2mg/kg，变化幅度为 81.38～153.66mg/kg。

利用行政区划图与地力等级图叠加联合形成行政区划地力等级综合图，对土壤速效钾含量栅格数据进行区域统计得知，2 级地中，土壤速效钾含量（平均值）最高的乡镇是周窝镇，最低的乡镇是街关镇，统计结果见表 5－22。

表 5－22　速效钾 2 级地行政区域分布　　　　　单位：mg/kg

乡镇	最大值	最小值	平均值
周窝镇	153.66	84.57	119.58
孙庄乡	140.22	97.11	118.17
豆村乡	152.45	91.99	114.78
北代乡	147.96	82.93	113.40

乡镇	最大值	最小值	平均值
武强镇	119.55	100.82	108.61
街关镇	138.07	81.38	106.08

5. 有效铜含量

利用地力等级图对土壤有效铜含量栅格数据进行区域统计得知，武强县 2 级地土壤有效铜含量平均为 1.32mg/kg，变化幅度为 0.42～1.96mg/kg。

利用行政区划图与地力等级图叠加联合形成行政区划地力等级综合图，对土壤有效铜含量栅格数据进行区域统计得知，2 级地中，土壤有效铜含量（平均值）最高的乡镇是周窝镇，最低的乡镇是街关镇，统计结果见表 5－23。

表 5－23　有效铜 2 级地行政区域分布　　　　单位：mg/kg

乡镇	最大值	最小值	平均值
周窝镇	1.96	0.87	1.61
豆村乡	1.93	1.06	1.38
北代乡	1.83	0.87	1.36
孙庄乡	1.46	0.78	1.20
武强镇	1.55	0.81	1.10
街关镇	1.56	0.42	0.99

6. 有效铁含量

利用地力等级图对土壤有效铁含量栅格数据进行区域统计得知，武强县 2 级地土壤有效铁含量平均为 5.8mg/kg，变化幅度为 2.96～10.44mg/kg。

利用行政区划图与地力等级图叠加联合形成行政区划地力等级综合图，对土壤有效铁含量栅格数据进行区域统计得知，2 级地中，土壤有效铁含量（平均值）最高的乡镇是豆村乡，最低的乡镇是武强镇，统计结果见表 5－24。

表 5－24　有效铁 2 级地行政区域分布　　　　单位：mg/kg

乡镇	最大值	最小值	平均值
豆村乡	10.44	3.10	6.49
北代乡	9.20	3.69	6.34
周窝镇	9.58	3.57	5.54
孙庄乡	7.02	3.53	5.07
街关镇	7.78	2.96	4.98
武强镇	6.25	3.51	4.95

7. 有效锰含量

利用地力等级图对土壤有效锰含量栅格数据进行区域统计得知，武强县 2 级地土壤有效锰含量平均为 6.8mg/kg，变化幅度为 4.23 ~ 9.77mg/kg。

利用行政区划图与地力等级图叠加联合形成行政区划地力等级综合图，对土壤有效锰含量栅格数据进行区域统计得知，2 级地中，土壤有效锰含量（平均值）最高的乡镇是豆村乡，最低的乡镇是街关镇，统计结果见表 5 - 25。

表 5 - 25　有效锰 2 级地行政区域分布　　　　　　　　单位：mg/kg

乡镇	最大值	最小值	平均值
豆村乡	9.77	4.47	8.10
北代乡	9.29	5.30	7.04
武强镇	8.77	4.89	6.81
孙庄乡	9.56	4.26	6.13
周窝镇	8.44	4.49	6.03
街关镇	7.52	4.23	5.74

8. 有效锌含量

利用地力等级图对土壤有效锌含量栅格数据进行区域统计得知，武强县 2 级地土壤有效锌含量平均为 1.41mg/kg，变化幅度为 0.84 ~ 2.47mg/kg。

利用行政区划图与地力等级图叠加联合形成行政区划地力等级综合图，对土壤有效锌含量栅格数据进行区域统计得知，2 级地中，土壤有效锌含量（平均值）最高的乡镇是豆村乡，最低的乡镇是北代乡，统计结果见表 5 - 26。

表 5 - 26　有效锌 2 级地行政区域分布　　　　　　　　单位：mg/kg

乡镇	最大值	最小值	平均值
豆村乡	2.47	1.05	1.64
周窝镇	2.20	1.02	1.47
街关镇	2.16	0.89	1.40
孙庄乡	1.65	1.01	1.39
武强镇	1.46	0.84	1.16
北代乡	1.57	0.89	1.07

9. 有效硫含量

利用地力等级图对土壤有效硫含量栅格数据进行区域统计得知，武强县 2 级地土壤有效硫含量平均为 15.9mg/kg，变化幅度为 12.41 ~ 18.44mg/kg。

利用行政区划图与地力等级图叠加联合形成行政区划地力等级综合图，对土壤有效

硫含量栅格数据进行区域统计得知，2 级地中，土壤有效硫含量（平均值）最高的乡镇是北代乡，最低的乡镇是豆村乡，统计结果见表 5-27。

表 5-27　有效硫 2 级地行政区域分布　　　　　　单位：mg/kg

乡镇	最大值	最小值	平均值
北代乡	18.44	14.89	16.78
街关镇	18.12	13.89	16.26
周窝镇	17.48	12.41	15.70
孙庄乡	16.90	13.97	15.20
豆村乡	16.56	12.82	14.73

三、3 级地

（一）面积与分布

将耕地地力等级分布图与行政区划图进行叠加分析，从耕地地力等级行政区域分布数据库中按权属字段检索出各等级的记录，统计各级地在各乡镇的分布状况。武强县 3 级地，综合评价指数为 0.86994 ~ 0.77214，耕地面积 131615.4 亩，占耕地总面积的 30.0%。分析结果见表 5-28。

表 5-28　3 级地行政区域分布

乡镇	面积/亩	占本级耕地（%）
孙庄乡	40487.2	30.8
北代乡	27698.9	21.1
周窝镇	20406.0	15.5
豆村乡	17949.5	13.6
武强镇	15050.8	11.4
街关镇	10023.0	7.6

（二）主要属性分析

1. 有机质含量

利用地力等级图对土壤有机质含量栅格数据进行区域统计得知，武强县 3 级地土壤有机质含量平均为 12.9g/kg，变化幅度为 8.23 ~ 18.38g/kg。

利用行政区划图与地力等级图叠加联合形成行政区划地力等级综合图，对土壤有机质含量栅格数据进行区域统计得知，3 级地中，土壤有机质含量（平均值）最高的乡镇是孙庄乡，最低的乡镇是豆村乡，统计结果见表 5-29。

表 5 - 29　有机质 3 级地行政区域分布　　　　　单位：g/kg

乡镇	最大值	最小值	平均值
孙庄乡	17.01	10.56	13.26
街关镇	16.02	8.93	13.16
北代乡	18.38	8.23	13.02
武强镇	17.21	9.07	12.78
周窝镇	17.23	10.28	12.50
豆村乡	16.84	9.01	12.36

2. 全氮含量

利用地力等级图对土壤全氮含量栅格数据进行区域统计得知，武强县 3 级地土壤全氮含量平均为 0.93g/kg，变化幅度为 0.63～1.69g/kg。

利用行政区划图与地力等级图叠加联合形成行政区划地力等级综合图，对土壤全氮含量栅格数据进行区域统计得知，3 级地中，土壤全氮含量（平均值）最高的乡镇是武强镇，最低的乡镇是豆村乡，统计结果见表 5 - 30。

表 5 - 30　全氮 3 级地行政区域分布　　　　　　单位：g/kg

乡镇	最大值	最小值	平均值
武强镇	1.69	0.73	1.00
街关镇	1.16	0.64	0.96
周窝镇	1.28	0.76	0.96
孙庄乡	1.18	0.77	0.92
北代乡	1.23	0.64	0.91
豆村乡	1.19	0.63	0.88

3. 有效磷含量

利用地力等级图对土壤有效磷含量栅格数据进行区域统计得知，武强县 3 级地土壤有效磷含量平均为 24.2mg/kg，变化幅度为 15.70～37.48mg/kg。

利用行政区划图与地力等级图叠加联合形成行政区划地力等级综合图，对土壤有效磷含量栅格数据进行区域统计得知，3 级地中，土壤有效磷含量（平均值）最高的乡镇是豆村乡，最低的乡镇是孙庄乡，统计结果见表 5 - 31。

表 5 - 31　有效磷 3 级地行政区域分布　　　　　单位：mg/kg

乡镇	最大值	最小值	平均值
豆村乡	34.72	16.49	25.17

续表

乡镇	最大值	最小值	平均值
武强镇	37.48	16.20	24.80
街关镇	33.57	15.94	24.04
北代乡	33.93	17.12	23.95
周窝镇	31.34	16.49	23.89
孙庄乡	32.18	15.70	23.84

4. 速效钾含量

利用地力等级图对土壤速效钾含量栅格数据进行区域统计得知，武强县 3 级地土壤速效钾含量平均为 105.9mg/kg，变化幅度为 77.33 ~ 149.20mg/kg。

利用行政区划图与地力等级图叠加联合形成行政区划地力等级综合图，对土壤速效钾含量栅格数据进行区域统计得知，3 级地中，土壤速效钾含量（平均值）最高的乡镇是武强镇，最低的乡镇是豆村乡，统计结果见表 5 – 32。

表 5 – 32　速效钾 3 级地行政区域分布 单位：mg/kg

乡镇	最大值	最小值	平均值
武强镇	119.22	96.54	108.65
北代乡	148.34	84.97	107.84
孙庄乡	133.29	87.43	107.55
街关镇	134.57	82.02	105.47
周窝镇	149.20	78.47	103.68
豆村乡	131.38	77.33	98.86

5. 有效铜含量

利用地力等级图对土壤有效铜含量栅格数据进行区域统计得知，武强县 3 级地土壤有效铜含量平均为 1.34mg/kg，变化幅度为 0.74 ~ 2.03mg/kg。

利用行政区划图与地力等级图叠加联合形成行政区划地力等级综合图，对土壤有效铜含量栅格数据进行区域统计得知，3 级地中，土壤有效铜含量（平均值）最高的乡镇是周窝镇，最低的乡镇是街关镇，统计结果见表 5 – 33。

表 5 – 33　有效铜 3 级地行政区域分布 单位：mg/kg

乡镇	最大值	最小值	平均值
周窝镇	2.03	1.01	1.66
豆村乡	2.03	0.88	1.51

续表

乡镇	最大值	最小值	平均值
北代乡	2.01	0.76	1.39
孙庄乡	1.74	0.74	1.06
武强镇	1.57	0.75	0.99
街关镇	1.24	0.68	0.99

6. 有效铁含量

利用地力等级图对土壤有效铁含量栅格数据进行区域统计得知，武强县 3 级地土壤有效铁含量平均为 5.5mg/kg，变化幅度为 2.91 ~ 10.26mg/kg。

利用行政区划图与地力等级图叠加联合形成行政区划地力等级综合图，对土壤有效铁含量栅格数据进行区域统计得知，3 级地中，土壤有效铁含量（平均值）最高的乡镇是豆村乡，最低的乡镇是武强镇，统计结果见表 5 – 34。

表 5 – 34　有效铁 3 级地行政区域分布　　　　单位：mg/kg

乡镇	最大值	最小值	平均值
豆村乡	10.26	3.52	7.41
北代乡	9.59	3.33	5.75
周窝镇	9.04	3.52	5.68
孙庄乡	7.24	3.00	5.06
街关镇	7.27	2.91	4.90
武强镇	6.43	2.98	4.76

7. 有效锰含量

利用地力等级图对土壤有效锰含量栅格数据进行区域统计得知，武强县 3 级地土壤有效锰含量平均为 6.5mg/kg，变化幅度为 3.96 ~ 9.56mg/kg。

利用行政区划图与地力等级图叠加联合形成行政区划地力等级综合图，对土壤有效锰含量栅格数据进行区域统计得知，3 级地中，土壤有效锰含量（平均值）最高的乡镇是豆村乡，最低的乡镇是街关镇，统计结果见表 5 – 35。

表 5 – 35　有效锰 3 级地行政区域分布　　　　单位：mg/kg

乡镇	最大值	最小值	平均值
豆村乡	9.07	5.05	7.30
北代乡	9.29	5.17	6.77
武强镇	8.77	4.89	6.68

续表

乡镇	最大值	最小值	平均值
孙庄乡	9.56	3.96	6.31
周窝镇	9.40	4.78	6.17
街关镇	8.25	4.35	6.10

8. 有效锌含量

利用地力等级图对土壤有效锌含量栅格数据进行区域统计得知，武强县 3 级地土壤有效锌含量平均为 1.3mg/kg，变化幅度为 0.83 ~ 2.89mg/kg。

利用行政区划图与地力等级图叠加联合形成行政区划地力等级综合图，对土壤有效锌含量栅格数据进行区域统计得知，3 级地中，土壤有效锌含量（平均值）最高的乡镇是豆村乡，最低的乡镇是北代乡，统计结果见表 5 - 36。

表 5 - 36　有效锌 3 级地行政区域分布　　　　　单位：mg/kg

乡镇	最大值	最小值	平均值
豆村乡	2.89	1.05	1.60
周窝镇	1.93	0.97	1.42
街关镇	1.81	0.85	1.28
孙庄乡	1.72	0.95	1.25
武强镇	1.41	0.83	1.15
北代乡	1.61	0.86	1.02

9. 有效硫含量

利用地力等级图对土壤有效硫含量栅格数据进行区域统计得知，武强县 3 级地土壤有效硫含量平均为 16.1mg/kg，变化幅度为 12.41 ~ 18.64mg/kg。

利用行政区划图与地力等级图叠加联合形成行政区划地力等级综合图，对土壤有效硫含量栅格数据进行区域统计得知，3 级地中，土壤有效硫含量（平均值）最高的乡镇是北代乡，最低的乡镇是豆村乡，统计结果见表 5 - 37。

表 5 - 37　有效硫 3 级地行政区域分布　　　　　单位：mg/kg

乡镇	最大值	最小值	平均值
北代乡	18.64	15.96	16.99
街关镇	18.44	13.89	16.71
周窝镇	16.49	12.41	15.94
武强镇	15.96	15.21	15.68

续表

乡镇	最大值	最小值	平均值
孙庄乡	16.16	13.97	14.85
豆村乡	16.64	12.82	14.45

四、4 级地

(一) 面积与分布

将耕地地力等级分布图与行政区划图进行叠加分析，从耕地地力等级行政区域分布数据库中按权属字段检索出各等级的记录，统计各级地在各乡镇的分布状况。武强县 4 级地，综合评价指数为 0.72429 ~ 0.69011，耕地面积 32411.6 亩，占耕地总面积的 7.4%。分析结果见表 5 - 38。

表 5 - 38　4 级地行政区域分布

乡镇	面积/亩	占本级耕地（%）
武强镇	11044.8	34.1
街关镇	7508.3	23.2
北代乡	5096.3	15.7
孙庄乡	5045.2	15.6
周窝镇	2481.0	7.6
豆村乡	1236.0	3.8

(二) 主要属性分析

1. 有机质含量

利用地力等级图对土壤有机质含量栅格数据进行区域统计得知，武强县 4 级地土壤有机质含量平均为 13.7g/kg，变化幅度为 9.39 ~ 17.79g/kg。

利用行政区划图与地力等级图叠加联合形成行政区划地力等级综合图，对土壤有机质含量栅格数据进行区域统计得知，4 级地中，土壤有机质含量（平均值）最高的乡镇是武强镇，最低的乡镇是北代乡，统计结果见表 5 - 39。

表 5 - 39　有机质 4 级地行政区域分布　　　　　　　单位：g/kg

乡镇	最大值	最小值	平均值
武强镇	17.60	10.21	14.17
街关镇	16.97	9.99	13.80
孙庄乡	15.86	11.86	13.74

续表

乡镇	最大值	最小值	平均值
周窝镇	15.00	10.98	13.21
豆村乡	16.82	9.36	12.99
北代乡	17.79	9.39	12.88

2. 全氮含量

利用地力等级图对土壤全氮含量栅格数据进行区域统计得知，武强县4级地土壤全氮含量平均为1.04g/kg，变化幅度为0.67~1.59g/kg。

利用行政区划图与地力等级图叠加联合形成行政区划地力等级综合图，对土壤全氮含量栅格数据进行区域统计得知，4级地中，土壤全氮含量（平均值）最高的乡镇是武强镇，最低的乡镇是北代乡，统计结果见表5-40。

表5-40　全氮4级地行政区域分布　　　　　　　　　　单位：g/kg

乡镇	最大值	最小值	平均值
武强镇	1.59	0.71	1.00
街关镇	1.25	0.74	1.00
周窝镇	1.12	0.82	0.99
孙庄乡	1.12	0.82	0.97
豆村乡	1.18	0.68	0.91
北代乡	1.20	0.67	0.90

3. 有效磷含量

利用地力等级图对土壤有效磷含量栅格数据进行区域统计得知，武强县4级地土壤有效磷含量平均为23.7mg/kg，变化幅度为13.40~37.93mg/kg。

利用行政区划图与地力等级图叠加联合形成行政区划地力等级综合图，对土壤有效磷含量栅格数据进行区域统计得知，4级地中，土壤有效磷含量（平均值）最高的乡镇是豆村乡，最低的乡镇是武强镇，统计结果见表5-41。

表5-41　有效磷4级地行政区域分布　　　　　　　　　　单位：mg/kg

乡镇	最大值	最小值	平均值
豆村乡	31.94	15.91	26.11
周窝镇	32.48	19.63	24.83
街关镇	37.93	18.03	24.80
孙庄乡	29.26	18.20	24.48

续表

乡镇	最大值	最小值	平均值
北代乡	30.27	18.45	24.10
武强镇	32.83	13.40	22.46

4. 速效钾含量

利用地力等级图对土壤速效钾含量栅格数据进行区域统计得知，武强县4级地土壤速效钾含量平均为109.2mg/kg，变化幅度为83.13～152.45mg/kg。

利用行政区划图与地力等级图叠加联合形成行政区划地力等级综合图，对土壤速效钾含量栅格数据进行区域统计得知，4级地中，土壤速效钾含量（平均值）最高的乡镇是孙庄乡，最低的乡镇是街关镇，统计结果见表5－42。

表5－42　速效钾4级地行政区域分布　　　　　　　　　　单位：mg/kg

乡镇	最大值	最小值	平均值
孙庄乡	136.72	88.48	112.29
武强镇	122.82	93.85	110.65
北代乡	137.99	88.25	109.66
周窝镇	152.45	86.12	108.13
豆村乡	121.48	89.08	108.02
街关镇	135.03	83.13	105.63

5. 有效铜含量

利用地力等级图对土壤有效铜含量栅格数据进行区域统计得知，武强县4级地土壤有效铜含量平均为1.13mg/kg，变化幅度为0.70～1.98mg/kg。

利用行政区划图与地力等级图叠加联合形成行政区划地力等级综合图，对土壤有效铜含量栅格数据进行区域统计得知，4级地中，土壤有效铜含量（平均值）最高的乡镇是周窝镇，最低的乡镇是街关镇，统计结果见表5－43。

表5－43　有效铜4级地行政区域分布　　　　　　　　　　单位：mg/kg

乡镇	最大值	最小值	平均值
周窝镇	1.80	1.16	1.48
豆村乡	1.75	0.96	1.45
北代乡	1.98	0.73	1.36
武强镇	1.50	0.75	1.05
孙庄乡	1.54	0.78	1.05
街关镇	1.38	0.70	1.04

6. 有效铁含量

利用地力等级图对土壤有效铁含量栅格数据进行区域统计得知，武强县 4 级地土壤有效铁含量平均为 5.1mg/kg，变化幅度为 2.90 ~ 9.94mg/kg。

利用行政区划图与地力等级图叠加联合形成行政区划地力等级综合图，对土壤有效铁含量栅格数据进行区域统计得知，4 级地中，土壤有效铁含量（平均值）最高的乡镇是豆村乡，最低的乡镇是武强镇，统计结果见表 5 – 44。

表 5 – 44 有效铁 4 级地行政区域分布   单位：mg/kg

乡镇	最大值	最小值	平均值
豆村乡	9.94	4.05	7.93
北代乡	8.61	3.63	5.42
街关镇	7.64	2.90	5.09
周窝镇	7.03	3.39	4.96
孙庄乡	7.18	3.89	4.94
武强镇	6.32	3.42	4.80

7. 有效锰含量

利用地力等级图对土壤有效锰含量栅格数据进行区域统计得知，武强县 4 级地土壤有效锰含量平均为 6.4mg/kg，变化幅度为 4.02 ~ 9.45mg/kg。

利用行政区划图与地力等级图叠加联合形成行政区划地力等级综合图，对土壤有效锰含量栅格数据进行区域统计得知，4 级地中，土壤有效锰含量（平均值）最高的乡镇是豆村乡，最低的乡镇是街关镇，统计结果见表 5 – 45。

表 5 – 45 有效锰 4 级地行政区域分布   单位：mg/kg

乡镇	最大值	最小值	平均值
豆村乡	9.07	5.29	7.36
周窝镇	8.88	4.58	6.64
北代乡	8.80	5.10	6.61
武强镇	8.70	4.99	6.57
孙庄乡	9.45	4.02	5.91
街关镇	7.66	4.45	5.86

8. 有效锌含量

利用地力等级图对土壤有效锌含量栅格数据进行区域统计得知，武强县 4 级地土壤有效锌含量平均为 1.2mg/kg，变化幅度为 0.89 ~ 2.59mg/kg。

利用行政区划图与地力等级图叠加联合形成行政区划地力等级综合图，对土壤有效

锌含量栅格数据进行区域统计得知，4 级地中，土壤有效锌含量（平均值）最高的乡镇是豆村乡，最低的乡镇是北代乡，统计结果见表 5 - 46。

表 5 - 46 有效锌 4 级地行政区域分布   单位：mg/kg

乡镇	最大值	最小值	平均值
豆村乡	2.59	1.08	1.73
孙庄乡	1.71	1.09	1.30
街关镇	2.00	0.90	1.29
周窝镇	1.77	0.94	1.28
武强镇	1.43	0.89	1.10
北代乡	1.57	0.89	1.03

9. 有效硫含量

利用地力等级图对土壤有效硫含量栅格数据进行区域统计得知，武强县 4 级地土壤有效硫含量平均为 16.5mg/kg，变化幅度为 13.84 ~ 19.39mg/kg。

利用行政区划图与地力等级图叠加联合形成行政区划地力等级综合图，对土壤有效硫含量栅格数据进行区域统计得知，4 级地中，土壤有效硫含量（平均值）最高的乡镇是街关镇，最低的乡镇是豆村乡，统计结果见表 5 - 47。

表 5 - 47 有效硫 4 级地行政区域分布   单位：mg/kg

乡镇	最大值	最小值	平均值
街关镇	17.55	14.83	16.95
北代乡	19.39	14.93	16.73
周窝镇	16.60	14.93	16.14
孙庄乡	17.33	13.97	15.70
武强镇	15.21	15.21	15.21
豆村乡	15.96	13.84	14.63

五、5 级地

（一）面积与分布

将耕地地力等级分布图与行政区划图进行叠加分析，从耕地地力等级行政区域分布数据库中按权属字段检索出各等级的记录，统计各级地在各乡镇的分布状况。武强县 5 级地，综合评价指数为 0.6899 ~ 0.65072，耕地面积 41887.2 亩，占耕地总面积的 9.5%。分析结果见表 5 - 48。

表5-48   5级地行政区域分布

乡镇	面积/亩	占本级耕地（％）
北代乡	14044.7	33.5
街关镇	9843.0	23.5
孙庄乡	7105.2	17.0
武强镇	5887.5	14.1
周窝镇	3377.2	8.0
豆村乡	1629.6	3.9

（二）主要属性分析

1. 有机质含量

利用地力等级图对土壤有机质含量栅格数据进行区域统计得知，武强县5级地土壤有机质含量平均为13.2g/kg，变化幅度为8.15~20.14g/kg。

利用行政区划图与地力等级图叠加联合形成行政区划地力等级综合图，对土壤有机质含量栅格数据进行区域统计得知，5级地中，土壤有机质含量（平均值）最高的乡镇是豆村乡，最低的乡镇是街关镇，统计结果见表5-49。

表5-49   有机质5级地行政区域分布   单位：g/kg

乡镇	最大值	最小值	平均值
豆村乡	20.14	10.50	15.38
武强镇	17.51	9.07	13.91
孙庄乡	15.99	11.68	13.48
北代乡	18.14	8.66	13.32
周窝镇	16.25	9.16	12.38
街关镇	16.95	8.15	12.33

2. 全氮含量

利用地力等级图对土壤全氮含量栅格数据进行区域统计得知，武强县5级地土壤全氮含量平均为0.92g/kg，变化幅度为0.61~1.66g/kg。

利用行政区划图与地力等级图叠加联合形成行政区划地力等级综合图，对土壤全氮含量栅格数据进行区域统计得知，5级地中，土壤全氮含量（平均值）最高的乡镇是豆村乡，最低的乡镇是街关镇，统计结果见表5-50。

表 5 - 50　全氮 5 级地行政区域分布　　　　　　　　　　单位：g/kg

乡镇	最大值	最小值	平均值
豆村乡	1.39	0.79	1.06
武强镇	1.66	0.84	1.00
周窝镇	1.22	0.65	0.94
孙庄乡	1.11	0.80	0.94
北代乡	1.27	0.67	0.91
街关镇	1.22	0.61	0.90

3. 有效磷含量

利用地力等级图对土壤有效磷含量栅格数据进行区域统计得知，武强县 5 级地土壤有效磷含量平均为 23.9mg/kg，变化幅度为 14.80 ~ 38.43mg/kg。

利用行政区划图与地力等级图叠加联合形成行政区划地力等级综合图，对土壤有效磷含量栅格数据进行区域统计得知，5 级地中，土壤有效磷含量（平均值）最高的乡镇是周窝镇，最低的乡镇是武强镇，统计结果见表 5 - 51。

表 5 - 51　有效磷 5 级地行政区域分布　　　　　　　　单位：mg/kg

乡镇	最大值	最小值	平均值
周窝镇	32.68	18.74	25.78
孙庄乡	31.01	18.28	24.41
街关镇	38.43	14.80	24.20
豆村乡	32.33	17.87	24.11
北代乡	32.45	16.79	23.41
武强镇	32.87	15.40	23.22

4. 速效钾含量

利用地力等级图对土壤速效钾含量栅格数据进行区域统计得知，武强县 5 级地土壤速效钾含量平均为 108.2mg/kg，变化幅度为 84.56 ~ 145.01mg/kg。

利用行政区划图与地力等级图叠加联合形成行政区划地力等级综合图，对土壤速效钾含量栅格数据进行区域统计得知，5 级地中，土壤速效钾含量（平均值）最高的乡镇是北代乡，最低的乡镇是街关镇，统计结果见表 5 - 52。

表 5 - 52　速效钾 5 级地行政区域分布　　　　　　　　单位：mg/kg

乡镇	最大值	最小值	平均值
北代乡	145.01	86.95	110.75

续表

乡镇	最大值	最小值	平均值
武强镇	120.65	95.97	108.35
周窝镇	137.66	84.57	108.25
孙庄乡	135.68	88.17	108.20
豆村乡	122.93	84.71	105.79
街关镇	131.64	84.56	105.22

5. 有效铜含量

利用地力等级图对土壤有效铜含量栅格数据进行区域统计得知，武强县 5 级地土壤有效铜含量平均为 1.24mg/kg，变化幅度为 0.49 ~ 2.01mg/kg。

利用行政区划图与地力等级图叠加联合形成行政区划地力等级综合图，对土壤有效铜含量栅格数据进行区域统计得知，5 级地中，土壤有效铜含量（平均值）最高的乡镇是周窝镇，最低的乡镇是孙庄乡，统计结果见表 5 - 53。

表 5 - 53 有效铜 5 级地行政区域分布
单位：mg/kg

乡镇	最大值	最小值	平均值
周窝镇	2.01	1.15	1.65
豆村乡	1.98	1.16	1.47
北代乡	1.85	0.82	1.27
武强镇	1.57	0.75	1.12
街关镇	1.41	0.49	1.02
孙庄乡	1.90	0.76	1.02

6. 有效铁含量

利用地力等级图对土壤有效铁含量栅格数据进行区域统计得知，武强县 5 级地土壤有效铁含量平均为 5.5mg/kg，变化幅度为 3.25 ~ 9.58mg/kg。

利用行政区划图与地力等级图叠加联合形成行政区划地力等级综合图，对土壤有效铁含量栅格数据进行区域统计得知，5 级地中，土壤有效铁含量（平均值）最高的乡镇是北代乡，最低的乡镇是街关镇，统计结果见表 5 - 54。

表 5 - 54 有效铁 5 级地行政区域分布
单位：mg/kg

乡镇	最大值	最小值	平均值
北代乡	9.58	3.33	6.25
周窝镇	8.19	3.42	5.56

乡镇	最大值	最小值	平均值
豆村乡	9.57	3.59	5.53
孙庄乡	7.24	3.28	5.39
武强镇	6.42	3.70	5.06
街关镇	7.39	3.25	4.96

7. 有效锰含量

利用地力等级图对土壤有效锰含量栅格数据进行区域统计得知，武强县5级地土壤有效锰含量平均为6.6mg/kg，变化幅度为4.44~9.45mg/kg。

利用行政区划图与地力等级图叠加联合形成行政区划地力等级综合图，对土壤有效锰含量栅格数据进行区域统计得知，5级地中，土壤有效锰含量（平均值）最高的乡镇是豆村乡，最低的乡镇是街关镇，统计结果见表5-55。

表5-55 有效锰5级地行政区域分布　　　　　　　　单位：mg/kg

乡镇	最大值	最小值	平均值
豆村乡	8.86	5.17	7.97
北代乡	9.45	4.94	7.17
孙庄乡	9.39	4.25	7.00
武强镇	8.28	4.89	6.83
周窝镇	8.69	4.76	6.16
街关镇	7.43	4.44	5.79

8. 有效锌含量

利用地力等级图对土壤有效锌含量栅格数据进行区域统计得知，武强县5级地土壤有效锌含量平均为1.22mg/kg，变化幅度为0.85~2.24mg/kg。

利用行政区划图与地力等级图叠加联合形成行政区划地力等级综合图，对土壤有效锌含量栅格数据进行区域统计得知，5级地中，土壤有效锌含量（平均值）最高的乡镇是豆村乡，最低的乡镇是武强镇，统计结果见表5-56。

表5-56 有效锌5级地行政区域分布　　　　　　　　单位：mg/kg

乡镇	最大值	最小值	平均值
豆村乡	2.21	1.09	1.62
周窝镇	2.24	0.99	1.44
街关镇	1.79	0.85	1.31

续表

乡镇	最大值	最小值	平均值
孙庄乡	1.72	0.96	1.25
北代乡	1.64	0.88	1.14
武强镇	1.31	0.85	1.10

9. 有效硫含量

利用地力等级图对土壤有效硫含量栅格数据进行区域统计得知，武强县 5 级地土壤有效硫含量平均为 16.7mg/kg，变化幅度为 13.97 ~ 18.64mg/kg。

利用行政区划图与地力等级图叠加联合形成行政区划地力等级综合图，对土壤有效硫含量栅格数据进行区域统计得知，5 级地中，土壤有效硫含量（平均值）最高的乡镇是北代乡，最低的乡镇是孙庄乡，统计结果见表 5 – 57。

表 5 – 57 有效硫 5 级地行政区域分布   单位：mg/kg

乡镇	最大值	最小值	平均值
北代乡	18.64	14.93	17.26
街关镇	18.12	13.89	16.68
武强镇	17.03	15.21	16.42
周窝镇	16.49	13.97	15.75
豆村乡	15.79	14.16	15.02
孙庄乡	16.16	13.97	14.99

六、6 级地

（一）面积与分布

将耕地地力等级分布图与行政区划图进行叠加分析，从耕地地力等级行政区域分布数据库中按权属字段检索出各等级的记录，统计各级地在各乡镇的分布状况。武强县 6 级地，综合评价指数为 0.6495 ~ 0.55044，耕地面积 11714.4 亩，占耕地总面积的 2.7%。分析结果见表 5 – 58。

表 5 – 58 6 级地行政区域分布

乡镇	面积/亩	占本级耕地（%）
武强镇	5298.9	45.2
北代乡	4533.0	38.7
街关镇	710.4	6.1

续表

乡镇	面积/亩	占本级耕地（%）
豆村乡	683.9	5.8
周窝镇	383.9	3.3
孙庄乡	104.3	0.9

（二）主要属性分析

1. 有机质含量

利用地力等级图对土壤有机质含量栅格数据进行区域统计得知，武强县6级地土壤有机质含量平均为13.4g/kg，变化幅度为9.01～17.67g/kg。

利用行政区划图与地力等级图叠加联合形成行政区划地力等级综合图，对土壤有机质含量栅格数据进行区域统计得知，6级地中，土壤有机质含量（平均值）最高的乡镇是街关镇，最低的乡镇是北代乡，统计结果见表5-59。

表5-59　有机质6级地行政区域分布　　　　　单位：g/kg

乡镇	最大值	最小值	平均值
街关镇	16.08	10.90	14.59
武强镇	17.67	9.97	13.74
孙庄乡	13.90	13.52	13.67
豆村乡	17.54	9.01	13.31
周窝镇	13.73	12.90	13.25
北代乡	16.74	9.30	12.60

2. 全氮含量

利用地力等级图对土壤全氮含量栅格数据进行区域统计得知，武强县6级地土壤全氮含量平均为1.03g/kg，变化幅度为0.63～1.60g/kg。

利用行政区划图与地力等级图叠加联合形成行政区划地力等级综合图，对土壤全氮含量栅格数据进行区域统计得知，6级地中，土壤全氮含量（平均值）最高的乡镇是街关镇，最低的乡镇是北代乡，统计结果见表5-60。

表5-60　全氮6级地行政区域分布　　　　　单位：g/kg

乡镇	最大值	最小值	平均值
街关镇	1.16	0.79	1.06
周窝镇	1.04	0.97	1.01
武强镇	1.60	0.77	0.98

续表

乡镇	最大值	最小值	平均值
孙庄乡	0.98	0.95	0.97
豆村乡	1.23	0.63	0.93
北代乡	1.15	0.65	0.88

3. 有效磷含量

利用地力等级图对土壤有效磷含量栅格数据进行区域统计得知，武强县6级地土壤有效磷含量平均为22.0mg/kg，变化幅度为13.40～30.64mg/kg。

利用行政区划图与地力等级图叠加联合形成行政区划地力等级综合图，对土壤有效磷含量栅格数据进行区域统计得知，6级地中，土壤有效磷含量（平均值）最高的乡镇是孙庄乡，最低的乡镇是武强镇，统计结果见表5－61。

表5－61 有效磷6级地行政区域分布 单位：mg/kg

乡镇	最大值	最小值	平均值
孙庄乡	30.36	25.95	28.16
豆村乡	29.35	15.88	23.72
北代乡	30.64	18.33	22.84
周窝镇	23.71	21.32	22.75
街关镇	26.83	18.95	21.85
武强镇	30.05	13.40	21.41

4. 速效钾含量

利用地力等级图对土壤速效钾含量栅格数据进行区域统计得知，武强县6级地土壤速效钾含量平均为109.8mg/kg，变化幅度为80.94～137.27mg/kg。

利用行政区划图与地力等级图叠加联合形成行政区划地力等级综合图，对土壤速效钾含量栅格数据进行区域统计得知，6级地中，土壤速效钾含量（平均值）最高的乡镇是孙庄乡，最低的乡镇是街关镇，统计结果见表5－62。

表5－62 速效钾6级地行政区域分布 单位：mg/kg

乡镇	最大值	最小值	平均值
孙庄乡	121.14	109.19	117.32
周窝镇	116.09	108.94	113.80
北代乡	137.27	90.72	110.66
武强镇	121.59	94.39	110.07

续表

乡镇	最大值	最小值	平均值
豆村乡	122.73	80.94	107.86
街关镇	117.25	91.26	103.81

5. 有效铜含量

利用地力等级图对土壤有效铜含量栅格数据进行区域统计得知，武强县6级地土壤有效铜含量平均为1.1mg/kg，变化幅度为0.73～1.79mg/kg。

利用行政区划图与地力等级图叠加联合形成行政区划地力等级综合图，对土壤有效铜含量栅格数据进行区域统计得知，6级地中，土壤有效铜含量（平均值）最高的乡镇是周窝镇，最低的乡镇是街关镇，统计结果见表5-63。

表 5 - 63   有效铜 6 级地行政区域分布 单位：mg/kg

乡镇	最大值	最小值	平均值
周窝镇	1.79	1.51	1.69
豆村乡	1.75	1.26	1.45
北代乡	1.67	0.73	1.21
孙庄乡	1.32	1.07	1.21
武强镇	1.42	0.78	1.08
街关镇	1.11	0.88	1.02

6. 有效铁含量

利用地力等级图对土壤有效铁含量栅格数据进行区域统计得知，武强县6级地土壤有效铁含量平均为5.4mg/kg，变化幅度为3.18～9.79mg/kg。

利用行政区划图与地力等级图叠加联合形成行政区划地力等级综合图，对土壤有效铁含量栅格数据进行区域统计得知，6级地中，土壤有效铁含量（平均值）最高的乡镇是豆村乡，最低的乡镇是孙庄乡，统计结果见表5-64。

表 5 - 64   有效铁 6 级地行政区域分布 单位：mg/kg

乡镇	最大值	最小值	平均值
豆村乡	9.79	6.17	8.41
周窝镇	6.35	5.01	5.82
街关镇	6.85	4.28	5.68
北代乡	9.19	3.08	5.65
武强镇	6.46	3.18	5.05
孙庄乡	5.25	4.25	4.75

7. 有效锰含量

利用地力等级图对土壤有效锰含量栅格数据进行区域统计得知，武强县 6 级地土壤有效锰含量平均为 6.3mg/kg，变化幅度为 4.70 ~ 9.32mg/kg。

利用行政区划图与地力等级图叠加联合形成行政区划地力等级综合图，对土壤有效锰含量栅格数据进行区域统计得知，6 级地中，土壤有效锰含量（平均值）最高的乡镇是孙庄乡，最低的乡镇是武强镇，统计结果见表 5 - 65。

表 5 - 65   有效锰 6 级地行政区域分布   单位：mg/kg

乡镇	最大值	最小值	平均值
孙庄乡	9.32	8.11	8.75
豆村乡	9.15	6.05	7.62
北代乡	8.75	5.10	6.61
街关镇	7.15	5.03	6.41
周窝镇	7.10	5.72	6.20
武强镇	7.74	4.70	6.00

8. 有效锌含量

利用地力等级图对土壤有效锌含量栅格数据进行区域统计得知，武强县 6 级地土壤有效锌含量平均为 1.13mg/kg，变化幅度为 0.80 ~ 2.22mg/kg。

利用行政区划图与地力等级图叠加联合形成行政区划地力等级综合图，对土壤有效锌含量栅格数据进行区域统计得知，6 级地中，土壤有效锌含量（平均值）最高的乡镇是周窝镇，最低的乡镇是北代乡，统计结果见表 5 - 66。

表 5 - 66   有效锌 6 级地行政区域分布   单位：mg/kg

乡镇	最大值	最小值	平均值
周窝镇	1.77	1.56	1.68
孙庄乡	1.69	1.37	1.54
豆村乡	2.22	1.08	1.48
街关镇	1.63	1.25	1.47
武强镇	1.27	0.80	1.04
北代乡	1.55	0.87	1.00

9. 有效硫含量

利用地力等级图对土壤有效硫含量栅格数据进行区域统计得知，武强县 6 级地土壤有效硫含量平均为 16.2mg/kg，变化幅度为 13.89 ~ 18.12mg/kg。

利用行政区划图与地力等级图叠加联合形成行政区划地力等级综合图，对土壤有效

硫含量栅格数据进行区域统计得知，6 级地中，土壤有效硫含量（平均值）最高的乡镇是北代乡，最低的乡镇是豆村乡，统计结果见表 5 – 67。

表 5 – 67　有效硫 6 级地行政区域分布　　　　　　　单位：mg/kg

乡镇	最大值	最小值	平均值
北代乡	17.50	15.96	16.51
街关镇	18.12	13.89	16.45
周窝镇	15.96	15.96	15.96
孙庄乡	14.71	14.71	14.71
豆村乡	15.27	13.94	14.41

第六章 蔬菜地地力评价及综合利用

第一节 蔬菜生产历史与现状

(一) 蔬菜生产历史

历史上武强县蔬菜主要分布在滏阳河及天平沟两岸部分村庄，种菜主要靠滏阳河、天平沟及地下井水，受水源及提水工具落后的限制，菜田面积都比较小。新中国成立前，大多数农民种植蔬菜是为了自己食用，主要蔬菜品种为韭菜、葱、蒜、萝卜、茄子等。新中国成立以后，通过兴修水利，开凿深井，旱田变水浇地，为蔬菜种植创造了条件。新中国成立初期，由一家一户小农经济发展到农村集体经济合作社，由集体统一经营蔬菜生产，在满足社员的蔬菜供应后，将多余的上市销售。城镇郊区一部分农民，种植少量的商品菜，供给城镇居民食用，当时的蔬菜品种都是本地的当家品种，单产普遍较低，效益较差。

20 世纪 80 年代以来，特别是党的十一届三中全会以后，随着改革开放步伐的加快，科学技术的进步，人民生活质量的大幅度提高，促进了武强县蔬菜产业的迅猛发展。80 年代后期，蔬菜由零星种植转向大面积发展，由自给自足生产向规模化商品化转化。1987 年，在铺头、南谷庄、北谷庄等村建起了商品蔬菜生产基地。到 1991 年，武强县蔬菜面积发展到 17910 亩，总产量达到 32689t。自 1991 年以来，武强县委县政府加大力度调整农业产业结构，明确提出减粮增菜，为促进蔬菜发展，制定一系列优惠政策，以激励农民的种菜积极性，使蔬菜生产特别是设施菜生产迅速发展。近年来，武强县以河北省绿洁食品有限公司及荣达蔬菜专业合作社为龙头，以龙头带基地、基地联农户的方式引导农民组建合作社，发展规模集约种植。随着改革开放大潮，内外交流空间拓宽，产品主要销往北京、天津、石家庄、山西、内蒙古自治区、东北三省及周边市县，并出口韩国、日本和俄罗斯等国家，形成规模化生产，拓宽了产销路子，丰富了市民的菜篮子，鼓起了农民的钱袋子。

武强县先后被命名为省生态农业基地县、菜篮子工程示范县、食用菌生产基地县和"河北黄瓜之乡"，"武绿"牌蔬菜连续 9 年被评为"河北省名优农产品"，2005 年以来连续 9 年被评为"河北省名牌产品"；2009 年新注册了"北大洼"蔬菜商标；2010 年被农业部命名为全国蔬菜标准园创建县（见表 6-1）。

表 6 - 1 1991 ~ 2010 年蔬菜生产情况一览表

年份	1991	1992	1993	1994	1995	1996	1997	1998	1999	2000
面积/亩	12105	9405	11340	11985	12525	20355	13245	19095	33990	39915
产量/吨	21205	19001	31904	23766	30659	23781	30418	29756	50140	77051
年份	2001	2002	2003	2004	2005	2006	2007	2008	2009	2010
面积/亩	50220	70710	78090	73905	72600	59880	45600	45600	47385	52275
产量/吨	101712	167044	205111	205293	201614	180140	136913	136913	137771	161795

（二）蔬菜发展现状：

据 2010 年统计资料，武强县现有蔬菜面积 52275 亩，单产 3095kg/亩，总产 161795t，总产值达 1.38 亿元，占农业总产值 13.89%。其中设施菜播种面积 16650 亩。武强县主要蔬菜品种西红柿种植面积 4725 亩，单产 3582kg/亩；黄瓜种植面积 6495 亩，单产 5859kg/亩；葱蒜种植面积 3915 亩，单产 3124kg/亩；大白菜种植面积 6600 亩，单产 5248kg/亩；菜豆种植面积 7425 亩，单产 1466kg/亩；茄子种植面积 5295 亩，单产 3420kg/亩。其他蔬菜如西葫芦、萝卜、甜椒、甘蓝、韭菜、油菜、菠菜等种植面积 17820 亩。无公害基地包括街关镇日光温室蔬菜基地、武强镇生产基地、豆村乡以茴香、西芹、西葫芦为主的大中小棚春提前、秋延后蔬菜基地，武强镇以露地菜、地膜菜为主的蔬菜基地，构筑了区域化生产的格局，并形成"武绿"牌黄瓜，"北大洼"牌特菜等省名优蔬菜品牌。

第二节 蔬菜地地力评价

按照省厅菜地质量调查和评价的规程以及分级标准，将武强县菜地地力进行了评价和分级（见表 6 - 2）。

表 6 - 2 武强县菜地地力分级

武强县菜地地力分级	IFI	面积/亩	占总菜地比例（%）
1 等地	> 0.9	5914	11.31
2 等地	0.9 ~ 0.8	42123	80.58
3 等地	< 0.8	4238	8.11

从表中可以看出，武强县菜地地力可分为 3 等，1 等地面积 5914 亩，占总菜地面积的 11.31%，2 等地面积为 42123 亩，占总面积的 80.58%，3 等地面积为 4238 亩，占总面积的 8.11%。武强县菜地以 2 等地为主，下面按等级分述如下。

（一）1 等地

武强县 1 等地的 IFI 值 > 0.9，面积为 5914 亩，占武强县菜地的 11.31%，分布在街关乡和孙庄乡，街关镇土壤质地为轻壤和中壤质，其基本特征：耕层深度一般在25cm 左右，潜水埋深 10m 以内，地下水矿化度 1~2g/L，排水条件畅通，有灌溉保证，无障碍因素，有机质含量 21.1 g/kg、全氮 1.6 g/kg、速效磷 198.5mg/kg、速效钾436.5mg/kg，微量元素水平较高，pH 值适中，蔬菜产量水平稳定。1 等地不同土壤质地的分布见表 6-3。

表 6-3　不同土壤质地 1 等菜地地力分布

乡镇	IFI	质地	面积/亩	占本级比例（%）
街关镇	>0.9	中壤	741	12.5
孙庄乡	>0.9	轻壤	2674	45.2
周窝镇	>0.9	轻壤	2499	42.3

（二）2 等地

武强县 2 等地的 IFI 值在 0.8~0.9，面积 42123 亩，占武强县菜地面积的 80.58%。其中武强镇 5646 亩、街关镇 7464 亩、周窝镇 14036 亩、豆村乡 4197 亩、北代乡 9263亩、孙庄乡 1517 亩，土质主要为轻壤和中壤，其基本特征：耕层厚度 15~25cm，潜水埋深 15m 以内，地下水矿化度 2~3g/L，排灌条件较好，无障碍因素，有机质含量在7.2~28.2g/kg，全氮含量在 0.8~1.8g/kg，有效磷大于 19.8mg/kg，速效钾在 147mg/kg 以上，微量元素适中，个别地块微量元素含量较低，蔬菜产量较稳定，2 等地不同土壤质地分布见表 6-4。

表 6-4　不同土壤质地 2 等菜地地力分布

乡镇	武强镇	街关镇	周窝镇	孙庄乡	北代乡	豆村乡
轻壤面积/亩	1270.5	830.8	5279	983	1821	866
中壤面积/亩	4375.5	6633.2	8757	534	7442	3331
占本级面积比例（%）	13.4	17.7	33.3	3.6	22.0	10.0

（三）3 等地

武强县区菜地 3 等地的 IFI 值 < 0.8，面积 4238 亩，占武强县总菜地面积的8.11%。主要分布在武强镇 1239 亩、豆村乡 1102 亩、北代乡 1897 亩。基本特征：通体壤质或黏质，耕层较浅，一般在 15~20cm，浅水埋深较深，无障碍因素，有机质含量较低，各种养分含量较低，微量元素含量一般，蔬菜产量较低。3 等菜地不同质地土壤分布见表 6-5。

表 6-5　不同土壤质地 3 等菜地地力分布

乡镇	武强镇	豆村乡	北代乡
轻壤面积/亩	413.55	529.6	0
中壤面积/亩	825.45	572.4	1237

续表

乡镇	武强镇	豆村乡	北代乡
重壤面积/亩	0	0	660
占本级面积比例（%）	29.2	26.0	44.8

第三节 菜地合理利用

（一） 土壤耕层养分状况

2010 年武强县共有蔬菜面积 52275 亩，占总耕地面积的 12.1%，涉及武强镇、街关镇、周窝镇、孙庄乡、豆村乡和北代乡 6 个乡镇，分布在轻壤质潮土、中壤质潮土和轻壤质褐土化潮土 3 种土种上。调查结果表明，武强县菜地有机质含量平均为 16.66g/kg，变化幅度为 2.63 ~ 32.2 g/kg，其中设施菜地含量为 16.44 g/kg，露地菜地为 10.9g/kg；全氮平均为 1.01 g/kg，变化幅度为 0.32 ~ 3.63g/kg，其中设施菜地含量为 1.18 g/kg，露地菜地为 0.81 g/kg；速效磷平均为 86.63mg/kg，变化幅度为 6.1 ~ 256mg/kg，其中设施菜地为 289.1mg/kg，露地菜地为 32.96mg/kg；速效钾平均为 298.5mg/kg，变化幅度为 52 ~ 564mg/kg，其中设施菜地为 532.3mg/kg，露地菜地为 187.4mg/kg。从调查结果看，菜地耕层有机质及大量元素养分含量设施菜地明显高于露地菜地。

耕层土壤交换性钙含量平均为 38.36cmol/kg，交换性镁平均为 2.66cmol/kg，有效硫平均为 142.72mg/kg，中量元素比较丰富。有效硅含量为 115.02mg/kg，含量较低。微量元素中的有效硼含量平均为 1.19mg/kg、有效铜为 1.58mg/kg、有效锌为 0.86mg/kg、有效钼为 0.3mg/kg、有效锰为 4.22mg/kg，有效铁为 5.44mg/kg。

（二） 施肥中存在的问题

通过对种菜农户的调查发现，农民在化肥施用上存在很大的盲目性，总结起来主要有以下几个方面。

（1）蔬菜地施肥量偏大，特别是设施菜地施肥量过大，由于过度施用化肥，土壤自身肥力出现衰退，有机质匮乏，透气性降低，需氧微生物活性下降，土壤熟化慢。土壤板结，蔬菜根系发育不良，影响蔬菜生长。据调查，设施菜地平均每亩施用鸡粪 10 方、纯氮 90.2kg、五氧化二磷 35.5kg、氧化钾 30kg。过量使用化肥，尤其偏施氮肥，致使作物营养过剩，破坏了作物生长平衡。

（2）部分农民在肥料品种选择和肥料用量的确定上带有很大的盲目性，有的只凭经验，过去用什么肥料，用多少，年年如此；有的不管自己的地力和种植的蔬菜种类，看别人用什么就跟着用什么。据调查，农民在肥料使用上，根据销售人员推荐购买的占 10%，根据技术人员建议购买的占 10%，根据周围人群使用情况购买的占 55%，根据自己的种植习惯购买的占 25%。

（3）不考虑经济效益和蔬菜产品及品质等因素，而是根据市场价格的高低来决定。

当所种植蔬菜品种价格较高时，便认为多施肥就能增产，造成过量施肥，降低肥料利用率。当蔬菜价格降低时，肥料投入不足，不施肥甚至放弃管理，更不考虑针对不同蔬菜合理施用氮、磷、钾及微量元素肥料。根据调查结果，由于设施菜经济效益高，施肥量大，结果土壤养分含量高，而露地菜经济效益低，部分菜农只为满足自己食用，施肥量低，管理粗放，结果土壤养分不足。

4. 肥料施用方法不当，主要表现在有机肥腐熟不彻底就施用，经常发生烧苗现象；施大量的高浓度化肥，且冲施间隔时间太短，从而造成肥害。

（三）对蔬菜生产的不利后果

土壤活土层变浅。蔬菜生产多是茬与茬之间间套作，多用人工耕翻，长此下去势必造成活土层变浅，根系平伸无法深扎，不利于蔬菜生长对养分的有效吸收。

病虫害蔓延及菜田环境的恶化。连年的蔬菜种植，使土壤中病虫积累日趋加重，大量化学农药使用造成棚室小环境的急剧恶化。部分菜地受城市垃圾、污水粉尘等污染严重，致使蔬菜产量和品质急剧下降。

（四）蔬菜地合理利用与合理施肥

1. 蔬菜地合理利用

（1）轮作换茬。在同地块尽量避免重茬连种，可科学进行轮作换茬，如瓜类和葱蒜类轮作，可减少病虫害发生，减轻毒素的毒害，而且葱蒜与瓜类在微量元素肥料利用上互补，可充分利用肥力。

（2）多施用有机肥，改善土壤团粒结构，增强土壤透气性和保水保肥能力，使土壤疏松肥沃，缓解土壤盐渍化，促进根系发育，提高抗病灾能力。

（3）适当休闲。蔬菜连年种植年后，可以把握季节适当休闲，如露地菜地可利用冬季进行深翻晒土，消灭病虫源，恢复地力。

（4）使用微肥。可做底肥和根外追肥，以补充土壤中微量元素的不足。

（5）深翻土地。在每茬蔬菜种植前，适当深耕，增强土壤蓄水保肥能力。

（6）蔬菜地块轮换作物种植。对于种植蔬菜时间较长，土壤恶化程度较严重的蔬菜地块，要及时进行轮换，将原有的种植几年的蔬菜地，用于生产粮食等非蔬菜类作物，选择相邻地理条件较好的非蔬菜地，通过培肥等措施后作为蔬菜地进行种植，由于不同作物种植和管理措施有很大差异，通过轮换可以有效改善土壤条件，提高经济效益。

2. 合理施肥

（1）合理控制肥料的投入量。肥料能够提供蔬菜生长发育所必需的营养物质，但蔬菜的吸收量有限，不要过量投入。特别是在设施栽培中，室内相对密闭，施入化肥不易淋失，肥效较高，宜多次少量酌情施肥。根据蔬菜产量、土壤肥力、不同肥料元素利用率等确定适宜施肥量，以进行平衡施肥。

（2）有机肥料和无机肥料配合使用。无机肥料具有养分释放速效的特点，但是需要多次追施，以保证肥料的养分释放高峰与蔬菜的养分吸收高峰相吻合，如果施用不当和施入不及时，就会出现营养生长过剩或短期营养不足，造成减产。而有机肥料保肥性较好，可以缓慢释放养分，保证作物长期的营养需求。将有机、无机肥料配合使用，可以协调养分的释放速度，提供作物长期有效的营养。另外有机肥可改善土壤结构，增加土壤保水保肥能力，增加土壤中的空气含量，为有益的微生物菌群提供良好的生存环境，抑制致病菌的存活。

（3）氮、磷、钾肥配合施用。充分发挥氮、磷、钾交互作用，减少生理病害。特别是减少氮、磷肥的施用，提高钾肥的投入，提高蔬菜品质。菜农应针对蔬菜种类调整3种大量元素肥料的投入比例。由于土壤中的速效磷和速效钾含量与磷、钾肥的施用量有较为密切的关系，所以可根据土壤速效磷、速效钾的含量来确定施用磷肥和钾肥的数量，这可通过有关的计算公式计算出来，但利用这一方式需要有一定的专业知识，农民和基层技术人员使用起来比较困难，而经过有关的试验，当决定了氮肥的用量后，可根据土壤中速效磷和速效钾的含量，通过氮、磷、钾的比例来确定。即土壤速效磷含量高时，施用的氮磷比应高，反之则低。根据这一原则，列出不同氮、磷、钾含量状况下适宜的氮磷施肥比和氮钾施肥比见表6-6。表格中的施用比例，只是指一季蔬菜而言，当蔬菜收获后，应再进行土壤化验，根据土壤养分变化情况对施肥比例再作调整。

表6-6　不同土壤速效磷、速效钾含量状况下菜地氮磷钾施用比例

种植方式	土壤速效磷含量/（mg/kg）	氮磷施用比例	土壤速效钾含量/（mg/kg）	氮钾施用比例
露天菜田	< 30	1：0.7	< 120	1：1
	30～60	1：0.5	120～160	1：0.6
	60～90	1：0.3	160～260	1：0.4
	> 90	1：0	> 260	1：0
设施菜地	< 60	1：0.6	< 160	1：0.8
	60～90	1：0.4	160～260	1：0.6
	90～120	1：0.3	260～400	1：0.4

（4）中量元素钙、镁、硫的平衡施用。从测试结果看，武强县菜地有效钙、镁、硫的含量均在较高范围内，而在目前，有些地区的作物出现了缺素症，特别是缺钙的症状，如西红柿的脐腐病，大白菜的软腐病、干烧心等均是由缺钙引起的，造成缺乏的主要原因不是土壤含钙量低，而是由于施肥不当引起的。蔬菜需要的各种养分，需要一个适当的比例，如果这种比例被破坏，有些元素可能会出现缺乏症状。目前武强县菜地不用大力提倡施用中量元素肥料，对于出现缺乏症状的菜地，可适当调节施肥品种，如施用磷肥时可多施一些富含钙、镁的品种。

（5）微量元素的平衡施用。根据本次菜地地力调查情况，菜地土壤铜、硼、钼的含量较高，少数缺钼菜地可用将含钼肥料作基肥，也可采用叶面喷施或种子处理；菜地锰的含量较低，但尚未发现缺锰症状，所以锰肥可暂不使用。微肥的施用主要考虑锌和铁。锌肥的施用可作基肥，每亩施用锌肥1kg，可维持2年肥效，常用的铁肥多为硫酸亚铁，喷施效果较好。

第七章　中低产田类型及改良利用

武强县耕地总面积为 439260 亩，其中高产田（1～2 级）面积为 221631.4 亩，占耕地总面积的 50.4%；中产田（3～4 级）面积为 164027.0 亩，占耕地总面积的 37.4%；低产田（5～6 级）面积为 53601.6 亩，占耕地总面积的 12.2%。因此，提高中、低产田单产水平，是武强县增加粮食总产量的关键所在。

表 7－1　耕地地力评价结果

等级	耕地面积/亩	占总耕地比例（%）
1～2	221631.4	50.4
3～4	164027.0	37.4
5～6	53601.6	12.2

高中低产田在各乡镇的分布状况为，高产田主要分布在武强县的西部地区，该区地势平坦，水利设施良好、土壤质地多为这中壤质、重壤质；中产田主要分布在南部、中地区；低产田主要分布在东部、北部地区。中低产田主要分为灌溉改良型、盐碱型和瘠薄培肥型。

第一节　灌溉改良型

一、面积与分布

该类型大部分集中在武强镇、北代乡等，土壤类型为中壤质、重壤质潮土，部分在豆村乡。该类型耕地面积 38252 亩，占武强县总耕地面积的 8.7%。小麦和玉米的总产量 835kg/亩。各乡镇面积及产量如表 7－2 所示。

表 7－2　灌溉改良型土壤面积分布情况

乡镇	耕地面积/亩	产量水平/（kg/亩）
武强镇	10752	817
北代乡	8445	837
豆村乡	6524	837
街关镇	4214	853

续表

乡镇	耕地面积/亩	产量水平/（kg/亩）
周窝镇	5543	856
孙庄乡	2774	864

二、主要障碍因素及存在问题

主要障碍因素是缺少必要的调蓄工程，由于地形、土壤原因造成的保水蓄水能力缺陷，灌溉条件差、耕地生产能力低。武强县处于华北平原干旱中心，年降雨量557mm，并多集中于夏季，特别是7~8月占60%。而年蒸发量为1843mm，接近降水量的4倍，尤其是春季，不少年份是春旱连夏旱，以致春转夏、夏转秋，全年严重减产或无收，即使是水浇地相当一部分也无保证，地表水可用而不可靠，降水供应不及时或水量不足，地下水冬春干旱时水位下降，机井出水量减少，有的区域已超量开采，有的因地下水矿化度高不宜开采，或因机井管理、使用不当，不能充分发挥机井效益。

这类耕地在使用中存在的主要问题除了缺少排灌配套工程措施外，与人为使用耕地的不合理有很大关系：一是多年来，不合理的耕作习惯，只用地不养地，本来灌溉条件就低下，进而造成土壤肥力日益下降；二是部分村庄实施水利工程措施后，大水漫灌、只灌不排等常规灌溉习惯，使土壤旱涝不均，破坏了土壤的保水蓄水能力，忽视了农业综合措施，使土壤的生产能力下降。由于缺水土壤不能保持一定湿度，有机质分解与转化受阻，土壤肥力得不到发挥，农业生产上不去，所以干旱缺水是武强县农业生产发展的主要障碍。

三、改良利用措施

挖掘水源，科学用水，抗御干旱。

开源节流，科学用水。武强县地上水不足，只有天平沟、滏阳河按计划每年供应有限水量，其他河渠乃季节性来水，大气降水年份分布极不平衡。应充分利用坑塘、河渠蓄水备用，夏蓄秋用。

积极开发地下水，搞好机井布局，深、中浅井统筹兼顾，要认真提高打井质量，并切实注意安排好井泵机的配套。对机井要建立健全管理责任制，保护和使用机井，提高效益。据水利部门资料统计，本县浅层淡水面积约100km^2，占武强县总面积的50%，可发展投资小，受益快的锅锥、吊管、真空等浅井，其他深层淡水则应集资打好高质量的机井，对于矿化度较高的井水在必要时可采取咸淡混浇，以达抗旱保播，保苗的目的。

在科学用水方面，要继续搞好渠道防渗。采用防渗地下管道、小白龙塑料管等，可节省水50%以上。平整土地，并使沟畦规格化，小畦快浇或沟浇，浇后及时锄划保墒，并科学掌握作物需求临界期，搞好农业节水，调整供需矛盾，提高农作物产量。

根据水源条件，调整作物布局。在少井缺水的乡村，要控制稳定需水较多的小麦、玉米等作物，适当扩大耐旱、抗旱作物（如棉花、谷子、高粱、花生、山药等）的种植面积。总结推广旱作农业的栽培管理技术，并尽量采用早熟品种，增强适应和抗御干旱的能力。

根据降水规律，调整作物播期。武强县冬春干旱，夏季炎热，解除旱象较晚，一般要到6月底，甚至7月中旬。群众有晒40天麦茬之说。春播无雨，秋作物经常遇到"卡脖旱"造成减产甚至绝收的情况。所以春播适当推迟到5月上旬，变春播为"二楼"的中熟品种，夏播尽可能及早抢播，这样苗期遇旱正好蹲苗，雨季来临正是生长旺期，恰能利用自然降水。

改革耕作制度，调整复种指数。水源条件差的耕地，不能盲目地搞一年两熟，致使小麦低产，夏播又不及时，秋季产量也不高，从而造成恶性循环，因此，要适当压缩小麦面积，努力提高单产，发展耐旱杂粮和经济作物，以利用秋后和冬春整地保墒，在旱薄低产地块实行麦肥（绿肥）轮作。在水利条件不断改善的情况下，可逐步扩大两年三熟种植。

顺应自然规律，推广旱农经验。在抗旱斗争中，要顺应自然规律，要"看天看地看苗情"。群众创造的"旱锄田，涝浇园，抢墒播种，开沟种植，水种包包，带茬造摘，耙地保墒，春田冬灌，麦田土体蓄墒"等旱地农业增产经验，值得进一步总结推广。

种植绿肥。绿肥作物（绿豆、芝麻、苜蓿、草木樨等）是重要的有机肥料和牲畜饲草。它对农作物倒茬和种地养地的作用是任何作物无法代替的。种植绿肥还具有加速土壤脱盐和防止土壤返盐的作用。

第二节　瘠薄培肥型

一、面积与分布

本类型分布在北代乡、武强镇、豆村乡等乡镇，各乡镇湖泊、河流、沟渠岸边开荒地以及疏于耕作的土壤都属于该类型，耕地面积15349.6亩，占武强县总耕地面积的3.9%，主要土壤肥力状况见表7-3。

表7-3　6级地土壤养分状况

乡镇	面积/亩	有机质/（g/kg）	全氮/（g/kg）	有效磷/（mg/kg）	速效钾/（mg/kg）
北代乡	4533.0	12.6	0.88	22.84	110.66
豆村乡	683.9	13.3	0.93	23.72	107.86
街关镇	710.4	14.6	1.06	21.85	103.81
孙庄乡	104.3	13.7	0.97	28.16	117.32
武强镇	5298.9	13.7	0.98	21.41	110.07
周窝镇	384.0	13.3	1.01	22.75	113.8

二、主要障碍因素及存在问题

这类土壤比较贫瘠，有机质和潜在肥力低；有的土层较薄，存在严重的薄碍层次，熟化度不高，有较严重的盐渍化现象，保水保肥和通透性差，养分含量低，缺磷少钾，有机肥施用少，耕作较粗放，土壤结构不良，耕层浅薄（小于15cm），农作物产量较低，只有通过长期培肥消除土壤不良性状才能进行逐步改良。主要障碍因素是盐渍化程度较高，武强县在1982年盐碱地有84769亩，占全区耕地的18.9%，各乡镇土壤都有不同程度的盐渍化，经过30年的土壤改良、沃土工程、盐碱地改造，武强县土壤已经基本没有盐碱地，但是个别地块仍然有不同程度的盐渍化。

根据武强县土壤分析测试结果可以看出，土壤养分含量平均为：有机质13.38g/kg、速效磷24.45mg/kg、速效钾109.16mg/kg。养分特点是缺氮中磷低钾，按全国养分含量统一分级标准，有机质、碱解氮、全氮均在2～5级，速效磷为2～3级，速效钾为4级。有机质含量较低是土壤瘠薄的根本原因。因为有机质不仅是土壤养分的主要来源，而且还能改善土壤结构，调节水、肥、气、热状况，从而为作物生长发育创造良好的条件。

土壤有机质含量低的原因：①忽视有机肥的积攒和施用，尤其是在前些年吃大锅饭时，农家肥很少，并且质量差，施用不均匀；②土壤中植物残体少，秸秆大量用于烧柴，还田率低，有不少地多年来是"干吃面、卫生田"；③轻现绿肥和豆科作物的种植，多年来靠化肥拿产量，加速了土壤中有机质的矿化过程，造成土壤贫瘠板结；④耕作粗放，不适时，从而破坏了土壤的团粒结构，降低了土壤肥力。

三、改良利用措施

增施有机肥。有机肥料对作物具有双重功能，一方面用各种速效养分养育植物，另一方面又用有机质养育土壤。增施有机肥不但能稳定持久供氮，弥补土壤中氮素营养的消耗，且能提供锌、硼等多种微量元素。

合理施用化肥。大力推广测土配方施肥，稳定氮肥的同时增施磷钾肥，配施微肥，培肥地力。

合理耕作。在原来耕层的基础上，进行适当深耕，每年加深熟化3～5cm，分3年进行，共加深10cm左右。连续3年每年深耕1次，同时，年每亩掺油沙或黏土5～10t，增加活土层，改良土壤质地。

用地养地相结合。因土种植，合理轮作豆科绿肥与豆科作物，实行高秆与矮秆作物，深根与浅根作物，豆科与禾本科作物轮复套间，做到"根不离土，土不离根"。

秸秆还田。秸秆是一种数量多、来源广、省工省本、可就地取材利用的优质肥源，秸秆还田开创了返还土壤养分、广开有机肥源、培肥土壤和保持生态平衡的新途径，它有补充和平衡土壤养分，补充土壤新鲜有机质，疏松土壤，改善土壤理化性状和提高土壤肥力的作用。

总之，中低产田的培肥与改良，必须建立生态农业的指导思想，实行用地和养地相结合、改良和利用相结合、生物措施与耕作措施相结合、有机肥和无机肥相结合、地力建设和良种良法相结合、当前和长远利益相结合，坚持山、水、田、林、草、路、村综合治理的方针，采用种、还、施、防 4 种手段，即适当地种植绿肥作物，秸秆还田，增施有机肥，防治水土流失，保护肥沃耕层，最后达到培育深厚的土壤熟化层，增加土壤有机质含量。

第八章 耕地资源合理配置与种植业布局

第一节 耕地资源合理配置

一、耕地数量与人口发展趋势分析预测

（一）未来耕地变化的总体态势

从近年来的耕地数据表明，武强县耕地数量呈逐渐增加趋势，由 2005 年的 433695 亩，增加到 2014 年的 442968 亩，平均每年增加 927 亩，占总耕地面积的 0.2% 左右，盐碱地、河滩、沟渠等的开发利用是武强县耕地数量逐年增加的主要原因。

（二）人口发展趋势预测

武强县的人口近年来呈增加趋势，由 2005 年的 209108 人增加到 2014 年年末的 222730 人，总增加 13622 人，平均每年增加 1513 人左右，平均每年增长 0.01% 左右；乡村人口呈减少趋势，由 2005 年的 192041 人减少到 2014 年年末的 185804 人，减少 6237 人，平均每年减少 693 人左右（见表 8－1）。对以上情况进行分析可以看出：乡村人口人均占有耕地趋于稳定。综合耕地数量和人口数量变化两个因素，乡村人口人均耕地面积近年来变化不大，这是由于武强县农业县的特殊性造成的，耕地数量微量增加，而乡村的人口也在微量增加，乡村人均占有耕地形成了暂时的动态平衡。

表 8－1 武强县耕地及人口状况

年 份	年末实有耕地面积/亩	年末总人口/人	每乡村人口占有耕地/亩	年末乡村总人口/人
2005	433695	209108	2.26	192041
2006	433485	211179	2.25	192525
2007	433485	214269	2.24	193653
2008	433485	216604	2.24	193738
2009	435705	217900	2.24	194934
2010	439260	218936	2.24	195472

数据来源：武强县统计年报。

（三）耕地利用发展战略

耕地面积实现占补有余，耕地总量实现动态平衡。到 2011 年，武强县补充耕地

6000 亩以上，建设占用耕地控制在 3000 亩以下，耕地净增 3000 亩。耕地面积实现增补有余，耕地总量实现动态平衡；武强县粮食总产量达到 24.85 万吨；武强县总人口控制在 21.9 万人以内。

严格控制非农用地规模。到 2011 年，非农用地规模控制在 135000 亩以内，武强县建设用地到 2011 年控制在 133500 亩以内。

加大土地整理、复垦和开发力度。在规划期间，土地整理补充耕地 1250 亩，土地复垦（砖瓦窑）补充耕地 300 亩，土地开发（未利用土地荒地）补充耕地 625 亩。

重点建设项目、工矿企业用地与城镇建设相结合。规划 2010～2030 年，交通用地为 600 亩，工矿用地为 625 亩，其中 450 亩为工业小区用地。

林地开发与平原林网化相结合。新增加林地面积 3000 亩。

实行水、田、路、林综合治理。规划 2010～2030 年，加强水、田、路、林综合治理和农田基本建设，全部完成中、低产田改造任务。

加强基本农田保护。基本农田保护区面积保证在 414000 亩，保护率为 95%，人均保护面积不小于 2.1 亩。

（四）耕地保护的对策

建立耕地调控机制，严格控制建设用地规模。节约和集约利用建设用地是减少社会经济发展占用耕地唯一途径。为此，需要以科技手段为基础，合理预测建设用地规模；以经济和法律手段为重点，有条件、有步骤地扩大土地的市场化配置范围，严格界定公益性用途和经营性用途，以行政手段为保障，加强严格的土地管理制度建设。

推进土地整理进程，提高农业综合生产能力。土地开发、整理、复垦和农业结构调整是耕地增加的有效途径。武强县补充耕地的潜力有限，农业结构调整受市场的影响较大，具有不稳定性。为此，应以推进土地整理、提高土地质量、改善土地生态环境为主，积极发展蔬菜、林果生产，提高耕地的农业综合生产能力。

加强耕地保护的制度创新研究。加强对未来耕地保护制度层面的创新研究，创新和发展产权、登记、征用、供应、收益、分配、统计及与之相配套的财政、金融和投资制度，提高土地使用效益。

二、耕地地力与粮食生产能力分析

耕地是由自然土壤发育而成的，但并非任何土壤都可以发育成为耕地。能够形成耕地的土地需要具备可供农作物生长、发育、成熟的自然环境。要具备一定的自然条件：①必须有平坦的地形；②必须有相当深厚的土壤，以满足储藏水分、养分，供作物根系生长发育之需；③必须有适宜的温度和水分，以保证农作物生长发育成熟对热量和水量的要求；④必须有一定的抗拒自然灾害的能力；⑤选择种植最佳农作物后，所获得的劳动产品收益，必须能够大于劳动投入，取得一定的经济效益。凡具备上述条件的土地经过人们的劳动可以发展成为耕地。这类土地称为耕地资源。

（一）耕地利用现状及特点

耕地利用现状见表 8-2。

表 8 - 2 2011 年土地利用状况

类型	面积/亩	占总面积（%）	类型	面积/亩	占总面积（%）
水田	0	0.0	铁路用地	0	0.0
水浇地	328950.00	49.3	公路用地	8169.30	1.2
旱地	65310.00	9.8	农村道路	16017.45	2.4
菜地	52275.00	7.8	河流水面	11079.45	1.6
果园	14610.00	2.2	水库水面	0	0.0
有林地	6544.50	1.0	坑塘水面	1680.15	0.3
草地	2434.50	0.4	内陆滩涂	2416.95	0.4
灌木林地	0	0.0	沟渠	12976.95	1.9
其他林地	3201.00	0.5	水工建筑用地	2971.20	0.4
建制镇	6752.85	1.0	设施农用地	12647.85	1.9
农村	65281.95	9.8	裸地	4795.95	0.7
采矿用地	2302.95	0.3	田坎	826.50	0.1
风景名胜及特殊用地	3793.50	0.6	其他未利用地	42462.00	6.4

数据来源：武强县国土资源局。

（二）耕地利用存在的问题

耕地资源日趋减少，耕地后备资源亟待利用。由于人口的增长和经济建设、居民点的占用，可利用耕地将会逐年减少，耕地后备资源不能充分利用，开发潜力得不到充分发掘，这样造成耕地的供需矛盾将会更加突出。增加对农业投入，加强土地资源开发，提高土地生产力，是武强县农业发展的关键。

林木资源比较少，土地深度开发不够。由于以家庭承包为单位的农村土地经营体制和林果业投资周期长、效益低等因素的限制，武强县中低产田中林果面积只有 33000亩，占武强县农用地面积的 7.5%，低于衡水市的平均水平。

种植业结构单调，没有因地制宜发展多种种植。武强县地处黑龙港流域冲积平原，地势平坦，土层深厚，质地适中，地势平坦；农业土壤以壤质潮土为主，土壤肥沃，土地资源丰富，土体结构良好，农业生产条件优越；气候上属典型的暖温带大陆性半干旱季风气候区，光照充足，适合多种作物生长。因此，武强县在农业上应坚持粮、棉、油并重，突出蔬菜、林果的种植原则。但由于冬小麦、夏玉米等大田作物种植模式投入少、管理粗放、技术简单，已成为大多数农民的种植习惯，造成了武强县农业种植结构单调、效益较低。目前除设施蔬菜产业发展较快外，棉花、油料、林果业发展还没有形成规模，产业结构有待于进一步调整，还应因地制宜调整种植业结构，大力发展林果生产。

（三）现阶段粮食生产存在的主要问题

粮食生产发展缺乏长效机制。多年来，武强县的粮食生产与全国一样，还没有形成保护粮食发展的长效机制，粮食价格增长幅度不大，生产资料价格上涨过快，种粮效益不高，农民增收缓慢，影响了农民种粮的积极性。

种植规模偏小、效益偏低。武强县人均耕地 2.24 亩，以家庭承包为主的土地经营体制，条块分割、各自为战的松散型种植模式，粗放的管理方法，限制了粮食生产的规模化种植，造成了单位面积生产成本高，种粮效益偏低，这些也是影响了农民种粮的积极性重要因素。

农业科技含量较低。

（四）粮食生产整体水平

武强县是传统农业县，粮食生产占有很大比重，主要粮食作物是冬小麦和夏玉米，主要经济作物是棉花，2014 年，全年粮食作物播种面积达到 61.2 万亩。其中冬小麦播种面积 27.96 万亩，平均产量 426.3kg/亩，总产 119193t；玉米播种面积 33.14 万亩，平均产量 460.2kg/亩，总产 152510t；棉花播种面积 40710 亩，皮棉产量为 81.5kg/亩，总产 3317t。粮食生产的特点如下。

耕地地力整体较高。耕地地力是指在特定区域内的特定土壤类型上，耕地的现实生产能力和潜在生产能力的总和。武强县耕地地势平坦，土层深厚，排水良好，易于耕作，土壤养分水平高，保水保肥性能好，土壤受风蚀、水蚀的影响小，适耕期长。利用上几乎没有限制因素，适宜于各种植物生长，可以安全地种植各种作物，是高产、稳产农田和设施蔬菜生产基地。

粮食生产潜力较大。粮食生产能力，是指在一定时期、一定地区、一定的经济技术条件下，由各生产要素综合投入所形成的、可以稳定地达到一定数量的粮食产出能力。各生产要素包括耕地保护能力、生产技术水平、政策保障能力、科技服务能力和抵御自然灾害能力。根据武强县耕地地力、气候条件、水利资源、管理水平等生产要素分析，武强县粮食生产增产潜力很大。

（五）改良和提高耕地地力的主要措施

加大农田水利设施建设力度，改造中低产田的生产条件，提高中低产田的生产能力，对武强县增加粮食产量、提高粮食供应能力具有十分重要的意义。中低产田改造，应以加强小型农田水利设施建设为重点，积极探索旱作农业的路子，突出发展节水灌溉和水肥一体化技术，建设高产、稳产、节水、高效的基本农田，以提高粮食综合生产能力。

增施有机肥，提高土壤有机质含量。土壤有机质，是耕地地力的基础，土壤有机质含量的高低，决定了耕地地力的高低，也影响着农作物产量的高低。因此，增加土壤有机质含量，是提高耕地地力的有效途径。增加土壤有机质含量，最简单的途径就是实行秸秆直接还田和过腹还田，其次就是施用有机肥。

推广节水灌溉技术。造成武强县中低产田产量低的主要原因，是土壤蓄水保墒能力弱，农田水利设施落后，因此，积极改善农田水利设施，大力推广小畦灌溉喷灌、微滴灌技术，节约灌溉用水，降低灌溉成本，是武强县中低产田改造的方向。

推行配方施肥技术，实现平衡施肥。武强县农民长期形成重氮磷、轻钾、忽视微肥的盲目施肥习惯，造成了氮肥、磷肥资源的严重浪费，而且影响了农产品产量的提高，破坏了土壤结构，降低了农产品品质。因此，推广测土配方施肥技术，提高化肥利用率，是今后武强县农业实现节本增效、保证可持续发展战略的需要。

创新农业综合开发运行机制。要不断完善和创新农业综合开发机制，通过贷款贴息、政策扶持、技术帮助等多种方式，鼓励民间资本、工商资本和外资进入农业综合开发领域；逐步建立以政府为引导、农民为主体、社会各方积极参与的农业综合开发运行机制，结合武强县北大洼国家现代农业示范区建设，形成全方位、多渠道、多途径的农业综合开发投入格局，增加农业生产后劲，实现农业可持续发展战略。

突出粮食生产重点。武强县地处北温带，土壤肥沃、水利资源丰富，发展粮食生产，特别是优质粮食生产，具有得天独厚的优势。要保护粮食作物播种面积，重点发展规模化优质专用粮食产业带，保护和提高粮食综合生产能力。

调整农业产业结构，提高土地利用效率。大力发展林果生产，同时发挥武强县设施蔬菜生产的优势，继续扩大设施蔬菜种植规模，促进蔬菜生产上档次、上水平，使武强县设施蔬菜面积达到1万亩以上，以提高农业效益，增加农民收入；还要扩大玉米种植面积，提高复种指数，提高单产，满足市场需求。

疏浚河道，加固堤防。由于武强县近年来未遭受特大洪涝灾害，群众的防汛意识淡薄，尤其是海河、滏阳河、朱家河、天平沟等几条主要河流堤坝年久失修，堤坝不固，河道淤积，行洪不畅，存在安全隐患。应抓紧抓好以疏浚河道、加固堤防为主的水利工程建设，对险工险段进行综合治理。

三、耕地资源合理配置意见

土地利用构成与地形、地貌等自然条件密切相关，以平原为主的地形特点决定了土地利用结构中耕地所占比重最大，其他土地最少。

（一）当前在耕地资源利用上存在的问题

1. 用养脱节，地力下降

长期以来，武强县农民为提高产量，对土地实行了近乎掠夺性的开发利用。重用地、轻养地的土地利用习惯，重化肥、轻有机肥、忽视微肥的盲目的不科学的施肥方式，不但造成了化肥浪费严重、生产成本增高、农业效益降低的现象，也导致了土壤养分比例失调、土壤结构变差、供肥能力下降等影响农业可持续发展的严重后果。

2. 基础设施不足，抗灾力弱

由于武强县近年来未遭受特大洪涝灾害，几条主要河流堤坝年久失修，堤坝不固，河道淤积，行洪不畅，存在安全隐患，抗灾能力弱；农田水利设施中节水灌溉设施不足，面积较少，水资源浪费严重，加强武强县农田水利基本建设已经刻不容缓。

3. 单位面积过小，未形成规模化种植

以家庭承包为主的土地经营体制，条块分割、各自为战的粗放的管理方法，限制了土地的规模化利用，没有形成规模效益；加快土地承包经营权流转，促进土地适度集中，提高土地利用率、降低生产成本，实现规模效益的有效途径。

4. 中低产田面积改造升级投入不足

改造中低产田的生产条件，提高中低产田的生产能力，对武强县增加粮食产量、提高粮食供应能力具有十分重要的意义。但是，由于武强县财政实力不足，中低产田改造需要的大量投入难于保证，中低产田改造进度缓慢。

5. 工业化、城镇化与耕地保护矛盾突出

武强县工业基础薄弱，城镇化水平低。随着经济的发展和城镇化进度的加快，占用耕地不可避免。但是，由于政府实行了最严格的耕地保护制度，工业化、城镇化占用耕地与耕地保护发生冲突。因此，实行耕地占补平衡制度，是解决发展用地与耕地保护矛盾的有效途径。

（二）耕地资源可持续利用的对策措施

1. 依法实施管理，实现耕地总量平衡

随着农村经济社会的全面发展和农民生活水平的提高，新农村建设和小城镇建设发展较快，非农占用大量耕地现象已引起社会各界的高度关注。武强县委、县政府采取了一系列强有力的措施，坚决贯彻"十分珍惜、合理利用土地和切实保护耕地"的基本国策。

加强农村空心村治理力度，加快新农村建设步伐，大力实施旧城改造，严格控制城镇建设用地规模，强化非农业项目用地前期管理，实行先补后占，占补平衡。

2. 以科技为支撑，提高耕地总体效益

加大中低产田改造力度，调整用地结构，增加科技含量，充分挖掘土地生产潜力，发挥土地利用的最佳效益。以发展设施蔬菜特色产业为突破口，培育农业支柱产业，提高土地利用率和土地效益。

加强对土地承包经营权流转的管理，引导土地适度集中，实现农业规模化效益，促进农业土地利用由土地密集型、劳动密集型向科技密集型转变；农业资源利用由粗放低效型向集约高效型转变。

加大中低产田改造力度，提高耕地单产。增加对中低产田改造的投入，发挥土地增产潜力，提高耕地单产，是武强县土地利用的重点。

推广、普及农业新技术，提高土地利用科技含量。武强县应全面推广测土配方施肥技术，实施良种工程，推行标准良田建设，以达到综合治理的目的。

3. 加大基础投入，改善耕地生态环境

在开发耕地的投入中应重视防护林、水源涵养林以及农田水利建设、修筑地埂、改良土壤等的投资，防止土地盐渍化，使其在造就小气候和保持水土方面发挥主要作用。

四、种植业布局面临的问题

武强县是衡水市蔬菜和粮食的主产区之一，在农村经济飞速发展的同时，农业发展面临着一系列的挑战：首先由农产品的相对过剩引发了"卖粮难""卖果难""卖菜难"等卖方市场，农民收益下降，制约了农民的种田积极性；其次市场约束机制不断增强，随着市场经济体制的不断建立和农产品买方市场的形成，农产品生产受到越来越大的市场约束，传统计划经济体制下形成的农业生产格局，显得越来越不适应。因此武强县面对新情况、新问题，站在全球化、市场化的角度，调整农业生产结构，调整种植业布局，着力解决农业增产和农民增收问题，制定新形势下社会经济发展战略，来面对各种挑战。归结起来，武强县种植业布局面临以下几个问题。

（一）人口递增与耕地缩减的矛盾加剧，粮食生产的负担加重

人口递增与耕地不断减少的双重因素作用下，对粮食生产的压力更大了，在耕地上进行种植业结构调整的回旋余地少、难度大。而且近年来到处出现的"开发热""圈地热"，使占用耕地明显增加，土地使用失控，浪费严重，对于确保粮食生产的稳定增长及种植业结构调整与优化带来了极大的难度。

（二）农业环境污染日益严重

农业环境污染，主要是农业和生活废弃物所造成的有机污染。由于长期对农村生态环境的忽视，加之缺乏科学的土地利用规划，农业环境污染日益加重，对农业生产的持续发展造成严重影响。目前，在农业环境的主要的污染源有：①因使用工业产品而形成的污染物，如农药、化肥等；②工业"三废"；③生活垃圾。

（三）经济效益低

在种植业结构调整中，经济效益低主要体现在：①市场信息缺乏或难以及时掌握，市场需求难以准确预测，种植计划难以适度制订，结果难以宏观调控，局部难以搞活，往往导致某些作物的种植一哄而起，供大于求，转畅销为滞销，经济效益猛降，甚至亏损；②生产资料价格不断上扬，工价猛涨，生产成本全面提高，农产品的比价不合理，效益下降，也给种植业结构调整的经济效益带来不确定因素；③有些农产品的质量差，未形成商品优势，以至于质次价廉，经济效益差；④农产品缺乏深层次、多层次加工以及贮藏、保鲜、包装等能力，多数以出售原材料和初级加工品为主，因而影响到经济效益的提高；⑤缺乏载体，诸如产供销一条龙、贸工农一体化的高层次、高水平的服务组织与经营组织，农产品市场体系发育不全，流通渠道不畅，也在很大程度上妨碍了高效益的实现；⑥生产规模偏小，机械化程度低，难以形成规模经营。

目前，武强县种植业承包大户 251 户，其中，种粮大户 133 户，而千家万户分散种植是目前种植业生产的主要方式，这样难以形成规模效益。当前种植业结构效益低的另一个原因是农产品加工业不发达，商品率低。农产品出现了低水平的过剩，阻碍了农产品有效的市场交换和农民收入的增长。据 2010 年统计年鉴显示，武强县粮食作物的商品率为 41.1%，种植业内部其他农产品的商品率为 38.8%。农产品加工能力不强，产后农业不发达，已成为制约农业效益的一个重要因素。

（四）农业科学技术的不相适应及其有效载体的不同程度的解体

种植业结构调整是一系列高科技含量的商品性产业变动，科学技术的作用显得更重要。然而，现状是缺少高产、优质、高效益的良种和配套技术，农业科研手段也很落后；"综合型"的农业科技人员严重不足，现有科技人员知识面不广、不新，普遍认为难以适应种植结构深度调整的需要；尤其是在经济较为发达的乡村，务农者趋于"高龄化"，文化水平不高，严重缺少既懂"农场"又懂"市场"的新一代农村人才；农技推广网络"线断网破"，农业社会化服务体系不同程度的解体现象在基层的表现十分突出，农技人员待遇低，目前还有许多急待解决的困难和问题，人心浮动，队伍萎缩，极大地影响了农技人员的积极性，影响了农技站职责的充分履行，影响了作用的进一步发

挥，影响了先进适用农业技术的推广应用。主要表现在以下几个方面。

（1）政策落实不到位，后顾之忧难解决。据调查，目前的乡镇农技人员仍实行上级拨多少发多少，没有执行国家规定的事业单位工资制度，收入差距也较大，有的与乡镇行政人员一视同仁，有的仅发基本工资，其余的要自己解决。

（2）力量分散，专业人员流失。目前武强县专业技术人员 224 人，各乡（镇）村农业技术人员数 1182 人，这些技术人员涵盖了农学、植保、果树、蔬菜、畜牧兽医等八大领域。覆盖面不可谓不广，然而也带来了机构多、人员少、力量分散的现象，再加上待遇低，致使部分懂专业、善经营的农技人员转岗或调离，或被安排从事乡镇其他工作和驻村搞中心工作，由于政策原因和就业人员自身原因，新加入的技术人员力量寥寥无几。

（3）农业技术来源有限。武强县种植业技术的来源主要是国家的科研单位、大中专院校和基层生产单位，但由于我国科研经费投入不足，许多技术由于没有科研经费而无法研究、开发，科技成果转化率仅为 30% ~ 40%。

（4）技术市场与信息网络不完善，导致技术转移的渠道不畅，组织管理效率低。

（5）推广中试验经费严重不足。近些年来，由于经济的发展，城市的繁荣，越来越多的农村青年进城打工、做生意来获取较高的收入。大量的青壮年劳动力脱离了农业生产，流向城市，造成农村主要劳动力的流失。而留在农村进行农业生产的劳动力年龄结构不合理，老年者居多，由于文化水平、资金等问题。他们观念陈旧，小农意识根深蒂固，习惯于自给自足的经营方式，接受商品观念、市场信息和新技术较为困难。农民自身素质的高低直接决定着农业技术采用成本和收益的高低。一个受过教育的农民比个没有受过教育的农民学习和采用新技术的成本低，采用新技术的收益大。所以农民科学文化素质愈高，其选择和采用新技术的能力就越强。

五、种植业布局分区建议

（一）优质小麦生产基地

小麦是武强县乃至黑龙港流域平原区的主要粮食作物，一直是北方占统治地位的粮食作物，其丰欠对我国粮食安全意义重大，同时也是北方食品加工的主要原料。优质小麦面粉是目前市场上缺口很大的食品加工原料，武强县作为小麦的主产区，生产优质小麦面粉是市场大势所趋，又是促进农民增收的有效途径。

根据本次耕地质量调查结果，结合武强县农民的种植习惯，2009 ~ 2011 年在传统小麦生产区街关镇、孙庄乡和北代乡发展 10 万亩的优质专用小麦生产基地，单产达到 450kg 以上，总产突破 4500 万公斤，实行优质优价；到 2013 年，单产达到 470kg。以基地为示范，到 2015 年武强县大部分种植优质、专用小麦，使武强县成为河北省的优质、专用小麦生产基地区，平均单产达到 450kg，不但武强县人民吃上优质面粉，又满足了加工企业对优质专用小麦的需求。以原有的面粉加工企业为基础，组建优质、专用小麦面粉加工有限责任公司，带动冀东南小麦品种的更新换代，从而增加农民收入。

（二）特种玉米产业化

玉米是武强县乃至黑龙港流域低平原区的主要秋粮作物，一直是兼有粮食、饲料功能的作物，其丰欠对我国粮食和畜牧业影响都很大。玉米的收益一般好于小麦，且玉米的附加值也比其他作物高得多。因此进行玉米的深加工也不失为农民增收的途径之一。

一方面可以发展壮大玉米淀粉加工企业，因为武强县处于京津周围，有便利条件，就近种植含支链淀粉较高的专用品种，辐射带动周边县市，2012 年力争发展到 10 万亩，平均单产 520kg 以上，总产 5200 万公斤；同时根据武强县肉畜业的发展，对高蛋白的青绿饲料、青贮饲料需求量日益增加，将普通玉米发展为青贮玉米，提高青贮饲料质量，保证肉畜对高质量的饲料需求，建立青贮饲料玉米生产基地。特别是以蒙牛、扶贫牛场为主的奶牛养殖业，重点围绕这一产业调整玉米种植结构，种植粮饲兼用玉米面积不低于 5 万亩。

（三）优质棉生产基地

棉花是武强县主要的经济作物，是衡水市重要的棉花生产基地区，常年种植面积4.5 万亩以上，因为武强县属黑龙港地区，是典型的"漏斗区"，干旱成为限制武强县农业生产的主要因素，而棉花属于深根系作物，抗旱耐瘠薄能力较强，因此棉花种植成为武强县农民主要的农业经济来源之一。随着纺织业的复苏，棉花的需求量越来越大，对棉花品质要求也越来越高，因地制宜地推广长绒棉品种，以适应市场需求，提高棉花品质和市场竞争力迫在眉睫，也是棉花生产基地农民长效增收的途径之一。因此 2010年在中低产田面积较大的北代乡、孙庄乡、武强镇发展长绒棉面积 2 万亩，单产皮棉80kg，以辐射带动武强县。到 2012 年，4.5 万亩以上棉田全部实现优质化，带动了河北省优质长绒棉品种种植结构调整，真正成为冀东南优质长绒棉生产基地。

（四）蔬菜生产基地

蔬菜生产是一种高效种植业，是农民发家致富的渠道之一。对农户来讲无公害优质蔬菜生产是生产周期短、收益高的短、平、快产业，是绿色产业发展的优先领域。自1995 年以来，武强县充分利用环京、津、石的区位优势，全面进行农业结构调整，大力发展蔬菜生产，蔬菜面积逐年扩大，到 2010 年发展到 52275 亩，总产 16.2 万吨，单产达到 3094kg，政府有关部门也积极采取各种有效措施，鼓励菜农增加外源投入来提高蔬菜地地力，为武强县无公害蔬菜基地提供良好的物质基础，并引进了一些新特菜，如已引进武强县的樱桃西红柿、法国椒、黄瓜等，壮大了蔬菜经济的建设规模。因而，在今后积极发展设施蔬菜，建设高效农业，以促进武强县农业增产增收，仍是发展武强县农村经济的重要举措，以北京世农、绿洁等为龙头，以北大洼、铺头、谷庄、刘南、东王庄等为重点，发展名优特菜生产。

第九章 耕地地力与配方施肥

第一节 施肥状况分析

一、农户施肥现状分析

武强县化肥主要品种有：三元复合肥（三个含量相等），占肥料品种的45%；二元复合肥（氮、磷），占肥料品种的5%；主要作物专用肥，占肥料品种的3%；单质肥料如尿素、氯化钾、硫酸钾、碳酸氢铵，占肥料品种的47%。小麦、玉米、蔬菜底肥以施用三元复合肥和专用肥居多，追肥为尿素。

武强县秸秆还田面积为20.3万亩。其中小麦秸秆还田面积为2万亩，玉米秸秆还田面积为18.3万亩。

人、畜禽粪便主要通过施入农田、沼气利用等途径消耗掉。

据武强县国民经济统计资料显示，武强县2010年的生猪存栏数为85.27万头；羊存栏9.05万头；牛存栏12.95万头；蛋鸡存栏602.04万只。

（一）农户施肥现状分析

1. 施肥情况

项目调查300户冬小麦、300户夏玉米施肥量，统计结果如表9－1、表9－2、表9－3所示。结果表明：小麦施肥习惯为小麦底肥随播种施入土中。底施三元素复合肥30～45kg（条施），追施尿素20～25kg（撒施）。亩氮磷钾平均用量24.2kg、16.8kg、1.8kg。

玉米施肥习惯为玉米底肥随播种施入土中。底施复合肥30～50kg、条施，追施尿素15～30kg。每亩氮磷钾平均用量28kg、2kg、1.5kg。

表9－1 武强县主要作物施肥情况调查表　　　　　　　　　单位：kg/亩

项目	冬小麦				夏玉米			
	平均产量	N 用量	P_2O_5 用量	K_2O 用量	平均产量	N 用量	P_2O_5 用量	K_2O 用量
平均	442	24.2	16.8	1.8	478	28	2	1.5
最大	527	35	20	6	623	45	10	7
最小	324	18	6	0	410	20	0	0
样量	300	300	300	300	300	300	300	300

表 9 - 2　武强县主要作物施肥情况表　　　　　　　　　　　　　　单位：kg/亩

作物	有机肥			氮肥							
	底肥			底肥（纯氮）				追肥（尿素）			
	时期	品种	数量	品种	数量	时期	方法	品种	数量	时期	方法
小麦	播前	牛粪、人粪尿	200	三元复合肥、专用肥	14	播前	沟施	尿素	10.2	拔节	随水撒施
玉米	播前	牛粪、人粪尿	150	三元复合肥、专用肥	18	播前	沟施	尿素	10	大喇叭口	开沟施用

表 9 - 3　武强县主要作物磷钾施肥情况表　　　　　　　　　　　　单位：kg/亩

作物	品种	P_2O_5 用量	K_2O 用量	时期	方法
冬小麦	三元复合肥、专用肥	16.8	1.8	播前	沟施
夏玉米	三元复合肥、专用肥	2	1.5	播前	沟施

2. 肥料投入情况（见表 9 - 4）

表 9 - 4　传统肥料投入情况表

作物	肥料成本/（元/亩）	氮肥			磷肥			钾肥		
		单价/（元/kg）	数量/（kg）	金额/（元/亩）	单价/（元/kg）	数量/（kg）	金额/（元/亩）	单价/（元/kg）	数量/（kg）	金额/（元/亩）
小麦	188.7	4.5	24.2	108.9	4	16.8	67.2	7	1.8	12.6
玉米	144.5	4.5	28	126	4	2	8	7	1.5	10.5

（二）存在的问题

氮肥、磷肥施入量大。武强县中南部尿素投入量大，小麦、玉米一般亩均施 30kg，每亩浪费尿素 10kg。一些经济作物种植面积大的镇乡，15 - 15 - 15 复合肥用量大，土壤中磷含量高。

钾肥、微肥投入不足。武强县农民钾肥亩均施用不足 3kg（纯钾），根据武强县土壤养分状况和各类作物需求还有些不够。武强县农民没有施用微肥习惯，现在有些地块表现出缺硫、锌等种微量元素。

肥料使用方法不正确。小麦春季追施尿素，大水漫灌，肥料流失严重。玉米追肥撒施尿素，大量氮素挥发、流失，不仅降低肥效，增加成本，而且污染环境。钾肥底施应改为 2/3 底施，1/3 追施，因钾肥底施易淋溶，影响后期供肥。

二、不合理施肥造成的后果

化肥浪费严重。化肥利用率低、浪费严重，生产成本增加，单位肥料增产效果降低，增产不增收。

作物营养不平衡。由于施肥养分配比不合理，导致了农作物营养不平衡，病害增多，影响产量。

破坏土壤结构，影响农业可持续发展。长期的偏施氮磷肥的习惯，造成了土壤养分不平衡，供肥能力降低，导致土壤板结，结构变差，综合地力下降。

造成环境污染。化肥的大量使用，引起地下水、地表水富营养化，污染了生态环境。

导致农产品品质下降。长期大量的化肥施用，使农产品的品质下降，营养成分减少，影响了农产品的市场竞争力。

三、对农户施肥现状评价

（一）合理性评价

从以上分析结果与施肥指标体系对比看，武强县主要作物与传统施肥配比存在不合理现象。

小麦：武强县平均氮肥用量 24.2kg/亩、磷肥用量 16.8kg/亩、钾肥用量 1.8kg/亩。根据土壤地力与施肥指标体系看，氮肥可以减少 2kg/亩、磷肥可减少 4kg/亩、钾肥增施 3kg/亩。

玉米：武强县平均氮肥用量 28kg/亩、磷肥用量 2kg/亩、钾肥用量 1.5kg/亩。根据土壤地力与施肥指标体系看，氮肥可以减少 3kg/亩、磷肥可以增加 1kg/亩、钾肥可以适量增施 2kg/亩。

（二）提高农民科学施肥的方法与措施

1. 加强技术宣传与培训

将测土配方施肥技术作为"科技入户工程"的第一大技术进行推广，着力加强技术培训工作。充分利用新闻媒体作用：要充分利用县电视台的覆盖、收视作用，加大各种类型宣传力度，让测土配方施肥技术在农民中家喻户晓。

2. 充分发挥测土配方施肥查询终端作用

测土配方施肥查询终端操作简单，查询结果简便易行，农民看得懂。所以充分发挥测土配方施肥查询终端作用是技术培训、宣传的有力补充。

3. 施肥建议卡发放要到位

施肥建议卡是测土配方施肥技术的集成，简单易懂。最重要的是要发放到户，虽然工作强度、难度大，也不要停留在镇、村级别。

4. 搞好试验示范

试验示范是在农户中具体实施，农户可以看见直接效果，对本户、本村都有一定的示范作用，可以带动一片。试验示范布点越多，带动面积越大。

5. 技物结合，大力推广配方肥施用面积

在肥料配方田间校正试验的基础上，县土肥站提供主要农作物施肥配方，指导配方肥认定企业照方生产，镇乡技术站大力推广，直接指导农民实施配方施肥。

四、常规施肥与测土配方施肥效益分析

从表9－5数据可以看出，配方施肥肥料每亩减少的用量比较明显，每亩可平均节省肥料成本18元。因为播种面积大，所以节省的成本非常可观。测土配方施肥技术推广有巨大潜力。

表9－5　配方施肥与常规施肥成本比较表

作物	配方肥成本/（元/亩）	传统肥料成本/（元/亩）	节省肥料/（kg/亩）	节省成本/（元/亩）
小麦	170.7	188.7	2.5	18
玉米	149.5	144.5	0	－5

五、测土配方施肥技术对农户施肥的影响

（一）改变错误的施肥观念

1. 农民科学施肥观念的改变

通过测土配方施肥技术的推广与普及，农民真正感受到多施肥不一定产量高，而配方施肥是保证作物持续高产重要措施。强化了科学施肥的观念。

2. 对农户施肥的影响

随着测土配方施肥技术的推广，农民由原来的大肥大水，逐渐向合理施肥方向转变，三元等含量复合肥、磷酸二铵施用的少了，配方肥推广面积逐年扩大（见表9－6）。

表9－6　武强县施肥情况变化　　　　　　　　　　　　单位：万吨

年份	肥料总量	肥料用量					
		常规复合肥		单质肥		配方肥	
		用量	占比例（%）	用量	占比例（%）	用量	占比例（%）
2009	0.7299	0.2992	41	0.2920	40	0.1387	19
2010	0.7539	0.2413	32	0.2865	38	0.2262	30
2011	0.7630	0.1984	26	0.2746	36	0.2899	38

（二）测土配方施肥节本增效

统计武强县测土配方示范的施肥量、产量与习惯施肥对比如表9－7所示。结果表明：测土配方施肥的应用显著增加作物产量，降低施肥成本，尤其显著降低氮肥用量。

表 9 - 7　测土配方施肥与习惯施肥施肥量和产量的对比表

项目	冬小麦								配方施肥 - 常规施肥			
	产量	N	P_2O_5	K_2O	产量	N	P_2O_5	K_2O				
平均	460	22.1	12	4.8	442	24.2	16.8	1.8	18	2.1	4.8	-3
最大	556	31	18	8	527	35	20	6				
最小	351	18.5	7	2	324	18	6	0				
样量	300	300	300	300	300	300	300	300				
	夏玉米											
平均	502	25	3	3.5	478	28	2	1.5	24	3	-1	-0.5
最大	758	36	9	8	623	45	10	7				
最小	435	21	1	2	410	20	0	0				
样量	300	300	300	300	300	300	300	300				

第二节　肥料效应田间试验结果

一、供试材料与方法

1. "3414" 试验方案

2008 年和 2010 年分别在冬小麦 - 夏玉米轮作区，选择有代表性的高、中、低地力水平田块进行 "3414" 试验，其中小麦、玉米各选择高肥力 2 块、中肥力 4 块、低肥力 4 块，土壤类型为潮土，基本理化性状如表 9 - 8 所示。

表 9 - 8　"3414" 试验耕层土壤基本理化性状

试验地点	肥力水平	有机质/（％）	碱解氮/（g/kg）	有效磷/（mg/kg）	速效钾/（mg/kg）
栗庄	低产	1.44	66.05	23.54	82.60
前寨	低产	1.33	67.46	23.52	82.80
杨南召什	低产	1.35	79.94	36.53	80.20
张法台王大拍	低产	1.43	88.73	26.69	77.05
东段王小体	中产	1.19	87.44	28.00	87.10
东段李万庚	中产	1.02	72.18	24.63	83.20
张法台（西）	中产	1.55	71.50	24.63	79.05
张法台（东）	中产	1.46	96.30	37.11	108.45
西代	高产	1.40	89.74	31.01	104.65
杜林	高产	1.53	97.54	33.39	100.35

2. 供试作物和肥料

供试作物：冬小麦品种为良星99，衡管35，玉米为蠡玉35，郑单958。

供试肥料：氮肥（尿素，N46%）；磷肥（过磷酸钙，P_2O_5 16%）；钾肥（氯化钾，K_2O 60%）。

依据作物的产量水平确定冬小麦和夏玉米的最高、最低施肥量，如表9-9、表9-10和表9-11。

小区形状为长方形，面积为30 m^2。每个处理不设置重复，小区随机排列，高肥区与无肥区不能相邻。小区之间的间隔为50 cm，留有保护行，观察道宽1m。

施肥方法：冬小麦磷肥和钾肥全部做底施翻入土内，夏玉米磷、钾肥作底肥施用，追肥深度在10 cm以下。用于小麦的氮肥底追比例为1/2，1/3的氮肥作底肥，2/3氮肥作追肥，追肥分别在起身和拔节期追施。夏玉米的氮肥分两次施，（底肥占1/3，大喇叭口期占2/3）。

表9-9 "3414"试验方案

试验编号	处理	N	P	K
1	$N_0P_0K_0$	0	0	0
2	$N_0P_2K_2$	0	2	2
3	$N_1P_2K_2$	1	2	2
4	$N_2P_0K_2$	2	0	2
5	$N_2P_1K_2$	2	1	2
6	$N_2P_2K_2$	2	2	2
7	$N_2P_3K_2$	2	3	2
8	$N_2P_2K_0$	2	2	0
9	$N_2P_2K_1$	2	2	1
10	$N_2P_2K_3$	2	2	3
11	$N_3P_2K_2$	3	2	2
12	$N_1P_1K_2$	1	1	2
13	$N_1P_2K_1$	1	2	1
14	$N_2P_1K_1$	2	1	1
15	有机肥			

注：表中0、1、2、3分别代表施肥水平。0为不施肥，2当地习惯（或认为最佳施肥量），1为2水平×0.5，3为2水平×1.5（该水平为过量施肥水平）。

表 9 - 10　冬小麦"3414"试验施肥量（纯养分）　　　　单位：kg/亩

水平	中高产田			低产田		
	N	P_2O_5	K_2O	N	P_2O_5	K_2O
0	0	0	0	0	0	0
1	7.5	5	5	6.0	4	3
2	15.0	10	10	12.0	8	6
3	22.5	15	15	18.0	12	9

表 9 - 11　夏玉米"3414"试验施肥量（纯养分）　　　　单位：kg/亩

水平	低产田			中产田			高产田		
	N	P_2O_5	K_2O	N	P_2O_5	K_2O	N	P_2O_5	K_2O
0	0	0	0	0	0	0	0	0	0
1	4.5	2	3	6.0	2	4	7.5	2	5
2	9.0	4	6	12.0	4	8	15.0	4	10
3	13.5	6	9	18.0	6	12	22.5	6	15

　　田间管理及调查：调查记载前茬作物品种、产量、病虫害发生情况、试验地土壤类型、质地、前茬作物产量、施肥量、灌水次数、灌水时期等。

　　作物收获时，小麦每小区收获 $5m^2$ 单打单收测产。玉米全区收获，每小区收获后测全部鲜重，再从中取50kg风干脱粒称重，换算亩产量。

二、肥料产量效应与推荐施肥量

（一）氮、磷、钾肥在冬小麦上的产量效应

不同地力土壤上氮磷钾肥的产量效应详见表 9 - 12。

表 9 - 12　冬小麦"3414"试验冬小麦产量　　　　单位：kg/亩

处理	2008						2009					
	平均	偏差	CV（%）	最大	最小	n	平均	偏差	CV（%）	最大	最小	n
$N_0P_0K_0$	334.8	67.2	20.1	446.9	273.5	10	325.7	47.0	14.4	394.5	274.5	10
$N_0P_2K_2$	375.9	52.5	14.0	473.6	314.8	10	375.3	52.2	13.9	472.6	313.8	10
$N_1P_2K_2$	468.4	49.3	10.5	533.6	420.2	10	466.4	50.3	10.8	532.6	415.9	10
$N_2P_0K_2$	386.6	48.1	12.4	466.9	306.8	10	356.8	26.5	7.4	394.9	308.9	10
$N_2P_1K_2$	477.6	41.6	8.7	546.9	413.5	10	479.7	39.3	8.2	547.5	427.3	10
$N_2P_2K_2$	517.9	34.9	6.7	553.6	453.6	10	518.2	33.7	6.5	552.6	452.6	10

续表

处理	2008						2009					
	平均	偏差	CV（%）	最大	最小	n	平均	偏差	CV（%）	最大	最小	n
$N_2P_3K_2$	486.9	48.0	9.9	567.0	413.5	10	488.7	47.6	9.7	568.3	414.8	10
$N_2P_2K_0$	426.9	33.7	7.9	460.2	360.2	10	429.0	33.5	7.8	462.2	362.2	10
$N_2P_2K_1$	476.9	41.9	8.8	533.6	386.9	10	478.3	41.5	8.7	534.4	387.7	10
$N_2P_2K_3$	488.0	41.4	8.5	560.3	413.5	10	490.3	41.5	8.5	562.4	415.6	10
$N_3P_2K_2$	516.9	27.1	5.2	553.6	480.2	10	517.1	25.9	5.0	552.6	482.6	10
$N_1P_1K_2$	447.6	52.8	11.8	560.3	380.2	10	450.4	53.0	11.8	563.3	383.2	10
$N_1P_2K_1$	462.9	38.1	8.2	513.6	420.2	10	464.9	37.9	8.2	515.3	421.9	10
$N_2P_1K_1$	440.9	54.0	12.2	513.6	380.2	10	442.5	53.7	12.1	514.8	381.4	10
有机肥	414.2	46.9	11.3	480.2	366.9	10	413.0	45.5	11.0	477.5	364.2	10

通过"3414"试验计算出氮、磷、钾在冬小麦上的产量效应函数详见表9-13。

表9-13　氮、磷、钾在冬小麦上的产量效应

年份	肥料种类	效应函数	最高产量用量/（kg/亩）	供肥能力（%）
2008	氮肥	$y = -0.4715x^2 + 16.673x + 375.63$ $R^2 = 0.9999$	17.7	72.6
	磷肥	$y = -1.3799x^2 + 26.717x + 385.57$ $R^2 = 0.9978$	9.7	74.6
	钾肥	$y = -1.0319x^2 + 18.717x + 423.79$ $R^2 = 0.9557$	9.1	82.5
2009	氮肥	$y = -0.4655x^2 + 16.615x + 374.70$ $R^2 = 0.9995$	17.8	72.4
	磷肥	$y = -1.7260x^2 + 33.573x + 357.60$ $R^2 = 0.9991$	9.7	68.8
	钾肥	$y = -0.9973x^2 + 18.250x + 426.08$ $R^2 = 0.9588$	9.1	82.8
平均	氮肥	$y = -0.4685x^2 + 16.644x + 375.16$ $R^2 = 0.9997$	17.8	72.5
	磷肥	$y = -1.5530x^2 + 30.145x + 371.58$ $R^2 = 1.0000$	9.7	71.7
	钾肥	$y = -1.0146x^2 + 18.484x + 424.94$ $R^2 = 0.9572$	9.1	82.6

（二）氮、磷、钾肥在夏玉米上的产量效应

氮、磷、钾肥在夏玉米上的产量效应详见表9-14。

表 9 - 14　夏玉米 "3414" 试验夏玉米产量　　　　　单位：kg/亩

处理	2008						2009					
	平均	偏差	CV (%)	最大	最小	n	平均	偏差	CV (%)	最大	最小	n
$N_0P_0K_0$	434.0	40.1	9.2	521.9	385.6	10	300.2	26.5	8.8	330.7	261.4	10
$N_0P_2K_2$	456.3	50.8	11.1	550.3	400.5	10	356.4	97.8	27.4	626.3	279.6	10
$N_1P_2K_2$	485.0	31.5	6.5	547.8	443.1	10	362.8	17.3	4.8	395.3	347.0	10
$N_2P_0K_2$	458.8	50.7	11.1	536.3	394.8	10	370.9	26.9	7.3	402.2	320.8	10
$N_2P_1K_2$	483.6	39.6	8.2	572.3	427.3	10	431.1	41.9	9.7	484.4	332.7	10
$N_2P_2K_2$	545.8	49.7	9.1	622.7	486.9	10	463.5	26.3	5.7	497.8	414.9	10
$N_2P_3K_2$	522.9	47.6	9.1	601.5	475.2	10	467.0	31.9	6.8	520.6	420.9	10
$N_2P_2K_0$	429.5	31.8	7.4	460.2	360.2	10	336.3	13.4	4.0	350.1	302.7	10
$N_2P_2K_1$	463.4	36.5	7.9	527.4	397.5	10	442.4	38.2	8.6	512.3	402.1	10
$N_2P_2K_3$	496.8	48.8	9.8	585.2	455.5	10	462.5	39.8	8.6	541.7	421.3	10
$N_3P_2K_2$	490.4	43.4	8.9	563.5	435.2	10	513.6	87.5	17.0	739.6	446.1	10
$N_1P_1K_2$	453.0	28.8	6.4	495.3	405.9	10	383.4	39.2	10.2	475.3	343.4	10
$N_1P_2K_1$	483.7	34.2	7.1	543.1	436.9	10	394.9	35.9	9.1	451.1	352.5	10
$N_2P_1K_1$	458.2	31.1	6.8	512.5	424.5	9	434.0	22.6	5.2	476.3	410.9	10
有机肥	447.5	41.5	9.3	530.5	396.5	10	352.8	17.4	4.9	385.2	332.1	10

通过 "3414" 试验计算出氮、磷、钾在夏玉米上的产量效应函数详见表 9 - 15。

表 9 - 15　氮、磷、钾在夏玉米上的产量效应

年份	肥料种类	效应函数	最高产量用量/ （kg/亩）	供肥能力 （%）
2008	氮肥	—	—	83.6
	磷肥	$y = -2.9817x^2 + 30.612x + 452.65$ $R^2 = 0.8352$	5.1	84.1
	钾肥	$y = -1.2958x^2 + 22.656x + 420.50$ $R^2 = 0.7811$	8.7	78.7
2009	氮肥	—	—	80.0
	磷肥	$y = -3.5394x^2 + 37.280x + 370.83$ $R^2 = 1.0000$	5.3	80.0
	钾肥	$y = -1.6733x^2 + 30.074x + 339.44$ $R^2 = 0.98298$	9.0	72.6

年份	肥料种类	效应函数	最高产量用量/（kg/亩）	供肥能力（%）
平均	氮肥	—	—	80.5
	磷肥	$y = -3.2605x^2 + 33.946x + 411.74$ $R^2 = 0.9618$	5.2	82.2
	钾肥	$y = -1.4845x^2 + 26.365x + 379.97$ $R^2 = 0.9794$	8.9	75.6

第三节　肥料配方设计

一、土壤养分丰缺状况

武强县土壤养分状况如表 9-1 所示。土壤有机质、全氮、有效磷、速效钾的平均含量分别为：13.38g/kg、0.96g/kg、24.45mg/kg、109.16mg/kg。根据土壤养分状况，提出土壤养分的丰缺指标如表 9-16 所示。

表 9-16　武强县土壤养分丰缺指标

养分种类	高	中	低	极低
有机质/（g/kg）	> 20	20~15	10~15	< 10
有效磷/（mg/kg）	> 30	20~30	10~20	< 10
速效钾/（mg/kg）	> 130	100~130	80~100	< 80

二、武强县施肥指标体系建立

为保证施肥配方的科学性，武强县聘请了农业技术、土肥、科研、教学等方面的专家 9 人（见表 9-17），结合土壤化验结果，根据"3414"试验和示范情况和农民实际应用效果，制定了本县冬小麦、夏玉米、棉花施肥指标体系。

表 9-17　武强县小麦、玉米测土配方施肥指标体系制定专家

姓名	性别	单位职务	职称
贾文竹	女	河北省土肥总站	研究员
张里占	男	河北省土肥总站	研究员
于卫红	女	衡水市土肥站	研究员
张瑞雪	女	衡水市土肥站	农艺师
李艳爽	女	饶阳县土肥站	农艺师

姓名	性别	单位职务	职称
乔晓娜	女	深州市土肥站	高级农艺师
李欣坦	女	武强县农业畜牧局	高级农艺师
杨素英	女	武强县农业畜牧局	高级农艺师
徐健	男	武强县土肥站	农艺师

根据武强县小麦、玉米生产水平和试验区产量状况，结合专家经验与本地土壤养分含量的实际情况，借鉴本市内其他各县作物指标，设计武强县施肥指标体系（见表9-18、表9-19）。

表 9-18　武强县冬小麦施肥指标体系

产量水平	氮肥施用量/（kg/亩）				磷肥施用量/（kg/亩）				钾肥施用量/（kg/亩）			
	有机质含量/（g/kg）				有效磷含量/（mg/kg）				速效钾含量/（mg/kg）			
	>20	20~15	10~15	<10	>30	20~30	10~20	<10	>130	100~130	80~100	<80
>550	16	17	18		8	9	10	—	3	4	5	—
450~550	15	16	17	18	7	8	9	10	0	3	4	6
350~450	14	15	16	17	6	7	8	9	0	2	3	5
<350	—	16	17	16	—	6	7	8	0	0	2	4

表 9-19　武强县夏玉米施肥指标体系

产量水平	氮肥施用量/（kg/亩）				磷肥施用量/（kg/亩）				钾肥施用量/（kg/亩）			
	有机质含量/（g/kg）				有效磷含量/（mg/kg）				速效钾含量/（mg/kg）			
	>20	20~15	10~15	<10	>30	20~30	10~20	<10	>130	100~130	80~100	<80
600~650	16	17	18		—	3	4	5	3	5	7	—
550~600	15	16	17	18	—	2	3	4	2	4	6	7
500~550	14	15	16	17	—		2	3	—	3	5	6
<500	13	14	15	16	—			2	—	2	4	5

三、武强县主要作物施肥配方制定

配方制定过程及种类。依据施肥指标体系，根据不同作物种植区域、产量水平、土壤肥力状况，确定作物施肥配方。配方原则是大配方、小调整，根据具体情况，个别地区进行配比小调整。配方制定后，与企业协商，看能否满足生产工艺，如不满足，做小调整，直到满足。武强县主要作物的施肥配方及使用方法如下。

1. 小麦底肥配方

配方1：$N : P_2O_5 : K_2O = 16 : 14 : 0$（适合高磷高钾，亩用量40kg）；

配方2：$N : P_2O_5 : K_2O = 20 : 14 : 12$（适合高磷低钾，亩用量40kg）；

配方3：$N : P_2O_5 : K_2O = 20 : 18 : 0$（适合低磷高钾，亩用量40kg）；

配方4：$N : P_2O_5 : K_2O = 16 : 24 : 10$（适合低磷低钾，亩用量40kg）。

2. 玉米施肥配方

配方1：$N : P_2O_5 : K_2O = 20 : 12 : 5$（适合春玉米底肥，高钾地块，亩用量40kg）；

配方2：$N : P_2O_5 : K_2O = 20 : 12 : 14$（适合春玉米底肥，低钾地块，亩用量40kg）；

配方3：$N : P_2O_5 : K_2O = 20 : 6 : 4$（适合夏玉米种肥，高钾地块，亩用量40kg）；

配方4：$N : P_2O_5 : K_2O = 20 : 6 : 14$（适合夏玉米种肥，低钾地块，亩用量40kg）。

3. 棉花施肥配方

配方1：$N : P_2O_5 : K_2O = 18 : 15 : 12$（中磷低钾）；

配方2：$N : P_2O_5 : K_2O = 18 : 17 : 15$（中磷高钾）。

4. 施肥方法

冬小麦：磷肥、钾肥全部底施，氮肥用量的40%～50%（沙壤质土40%，壤质土45%，黏土50%）作底肥其余全部做追肥。

夏玉米：磷肥、钾肥全部作为底肥，每亩施用锌肥2kg，氮肥用量的40%作底肥，60%在大喇叭口期做追肥。

棉花：磷肥、钾肥、硼肥全部底施，氮肥底、追各50%。

第十章　耕地资源合理利用的对策与建议

第一节　耕地资源数量与质量变化的趋势分析

一、耕地资源数量变化趋势

纵观新中国成立以来中国不同时期耕地资源数量变化趋势可以发现，耕地资源数量的增减态势基本受耕地相关政策的驱动。从近年来中国耕地减少情况来看，生态退耕是耕地面积减少的主要原因，而西部地区是中国生态退耕的重点地区，据 1996 年土地利用现状调查，西部地区坡耕地占全国总坡地面积的 50.08%，其中大于 50°陡坡耕地占全国比重高达 80.33%，到 2010 西部地区退耕面积约 588.2 × 10^4hm²，而从 1998 ~ 2003 年,中国生态退耕面积已达 557.55 × 10^4hm²，其中西部地区退耕面积应该占 85% 以上。随着生态退耕任务的完成，耕地安全与粮食安全将会成为影响中国耕地数量变化的主要问题，严格的耕地保护政策势必将贯彻下去。

（一）耕地绝对数量呈缓慢减少趋势

非农占地将使耕地数量减少。有关部门统计，武强县城镇建设、道路交通、农村住宅、农田基本设施的占用耕地的数量将大量增加。

土地整理将使耕地数量增加。国家实行的最严格的耕地保护和占补平衡政策，对土地整理力度加大。武强县通过土地整理、砖瓦窑复耕等措施，耕地将有小幅新增。但是，武强县耕地后备资源较少，土地整理新增加的耕地数量无法弥补非农用地的数量。因此，耕地数量仍呈缓慢减少趋势。

（二）耕地资源人均占有率将呈略降低趋势，前景不容乐观

1996 年武强县人口 207981 人，人均耕地 2.18 亩；2010 年，武强县人口 218936 人,人均耕地 1.99 亩，减少了 0.19 亩。近年来在有关部门的努力下，武强县人均耕地占有面积趋于稳定，但是其原因在于乡村人口的城市化，并不是耕地数量趋于稳定，而是每年人口在增加，耕地数量每年略减，这势必对本县粮食安全造成威胁。

二、耕地质量变化趋势

从现在开始到 2030 年，武强县耕地质量变化总体上呈缓慢恢复趋势，其特点是先降后升、边降边升，升大于降，逐渐恢复。

（一）2005 年以前，耕地质量下降时期

耕地质量呈明显下降趋势。

地下水资源超采严重，地下水水位继续下降。武强县水务局统计，由于大规模开采地下水，武强县地下水位以每年平均1.5m的速度下降，增加了农田水利设施方面的投资，增加了农业生产成本，降低了耕地质量。

农田基础设施恢复缓慢，抵御自然灾害能力仍然很弱。由于大量砍伐林木资源，森林覆盖率大幅度下降，生态环境遭到严重破坏，虽然加大了生态林业工程建设，但是在短时间内难于奏效，农田受风沙危害依然存在，抵御洪水、干旱等灾害的能力仍然很弱。

破坏性开发，重用轻养，供肥能力减弱。长期以来形成的广种薄收，重用地轻养地，粗放式管理的种植习惯，在短期内难于改变；有机肥使用数量的减少，过量施用化肥，不科学的施肥方式，导致了土壤结构破坏，土壤板结，供肥能力减弱。

农田污染加剧。随着工业的迅速发展，大量污染物质随着"三废"排放进农田、河流，化肥、农药的大量使用，在土壤中残存和积累了部分有毒有害物质，使土地遭受污染，进而影响农作物的产品质量。

（二）2006～2016年，耕地质量边降边升时期

农业污染逐步减轻。测土配方施肥技术得到大面积推广，化肥使用数量将逐步减少，品种结构进一步优化，施肥方式更加科学，化肥利用率明显提高，有机肥、生物肥等有助于耕地地力提升的新型肥料逐步取代化肥，高残留农药停止生产和使用，农作物秸秆等农业废弃物的利用更加充分，来自农业本身对耕地的污染逐步减轻。

中低产田得到有效治理。国家对农业投入的增加，以中低产田治理为重点的沃土工程、高标准良田建设工程、粮食高产示范创建工程等项目的实施，武强县将有近10万亩中低产田得到有效治理，整体耕地质量明显提高。

地下水资源日益减少，生产生活用水矛盾加剧。武强县耕地地下水资源超量开采更加严重，浅层地下水位持续下降，农业用水成本进一步增大，影响了耕地质量的提升；同时，逐步引进管灌、地下输水管道和渠道防渗、地膜覆盖、保水剂控制水分蒸发技术，以及喷灌、滴灌、微灌和低压管输水防渗技术等先进的农业灌溉方式，在小范围内将改善地下水资源超量开采局面，但农业生产与生活用水的矛盾加剧。

工农业生产和生活的污染仍然存在。来自工业、农业生产和生活的"三废"排放对耕地的污染依然存在，旧的污染源尚未得到有效治理，新的污染源不断产生，影响耕地质量的进一步提升。

（三）2017～2030年，耕地质量全面提高时期

农业污染基本解决。测土配方施肥技术普遍实施，化肥、农药品种结构进一步优化，单质、低浓度化肥和有毒、有害农药基本停止生产和使用，有机肥、生物肥、高效低毒生物农药新型农业投入品全面推广，农作物秸秆等农业废弃物得到更加充分的利用，来自农业本身对耕地的污染基本消失。

基本消灭中低产田。沃土工程、高标准良田建设工程、粮食高产示范创建工程等项目的实施成效突现，基本消灭中低产田，全区耕地质量整体提升。

节水农业、旱作农业基本普及。随着管道分配系统、渠道与机井联合使用系统、地膜覆盖和保水剂控制水分蒸发技术、喷灌、滴灌、微灌和低压管输水防渗技术等先进的

农业灌溉方式全面普及，低水耗、抗旱作物品种大面积推广，农艺及生物节水技术、保水剂拌种包衣、耕作保墒技术、覆盖保墒技术及作物蒸腾调控技术等广泛应用，农业用水大幅度减少。

工业、生活污染得到有效的治理。工业生产上，资源转化率低、污染严重的落后工艺和技术设备逐步淘汰，节能减排取得明显成效，"三废"污染基本消除，影响耕地质量进一步提升。

农业生态环境明显改善。到2030年，全区森林覆盖率将达到20%以上。

三、耕地养分变化趋势

耕地养分含量的高低，对农作物产量起着决定性的作用。总体来看，耕地土壤质地适中，土体结构良好，地势平坦，土壤肥沃。但是，随着气候、生产条件、耕作方式的演变和农作物产量的提高以及农业投入品数量、品种的增加，土壤养分发生了很大变化。

首先，土壤养分有所改善。1982年以来，土壤养分各项指标有了极大改善，养分水平明显提高（见表10-1）。

表 10-1　土壤养分变化趋势表

年份	有机质	全氮	有效磷	速效钾	有效铁	有效锰	有效铜	有效锌
2010	13.38	0.96	24.45	109.16	5.44	6.60	1.22	1.30
1982	10.86	0.79	5.54	157.04	7.73	9.55	1.51	0.335
增（减）	增	增	增	减	减	减	减	增
变化	2.52	0.1788	18.91	47.88	2.29	2.95	0.29	0.461
增加（%）	23.2	21.5	341.3	30.5	29.6	30.9	19.2	13.7

注：有机质、全氮单位为 g/kg，其他指标单位为 mg/kg。

其次，未来趋势。国家对粮食生产安全的重视会继续刺激农业投入，并且随着农业科技发展，必定带来施肥技术的新变革，一些有利于改善土壤整体环境的技术将得到推广，耕地质量将越来越好。

第二节　耕地资源利用面临的问题

一、耕地利用现状

（一）耕地数量和质量

据武强县国土资源局统计资料：2010年武强县总土地面积667500亩，其中，农用地491595亩，占总土地面积的73.6%；建设用地133443亩，占20%；未利用地42462亩，占6.4%。

　　农用地。农用地包括耕地、园地、林地、牧草地和其他农用地 5 类。2010 年，武强县农用地面积 491595 亩，占总土地面积的 73.6% 。其中，耕地面积 442965 亩，占农用地面积的 90.1% ；园地面积 14618.25 亩，占 3.0% ；林地面积 9745.5 亩，占 2.0% ；牧草地面积 2434.5 亩，占 0.5% ；其他农用地 21831.75 亩，占 4.4% 。

　　建设用地。建设用地分为居民点及工矿用地、交通运输用地和水利设施用地 3 类。2010 年，全区建设用地 133443 亩，占土地总面积的 20% 。其中，居民点及工矿用地 78131.25 亩，占建设用地的 59.0% ；交通运输用地 24186.75 亩，占 18.0% ；水利设施用地 31125 亩，占 23.0% 。

　　未利用土地。武强县未利用土地面积 42462 亩，占土地面积的 6.4% 。

　　（二）耕地利用情况

　　据武强县统计局提供的资料 2014 年年底农用耕地使用情况：①粮食作物播种面积 61.2 万亩。其中冬小麦面积 27.96 万亩，占耕地总面积的 63% ；夏玉米面积 33.14 万亩，占耕地总面积的 74.8% 。②棉花面积 4.07 万亩，占耕地总面积的 9.18% 。③蔬菜面积 56685 亩，占总面积的 12.79% 。④瓜果类 7395 亩，占总面积的 1.67% 。⑤其他面积包括油料、秋收薯类、其他秋收谷物、秋收豆类等 47488 亩，占耕地总面积的 10.7% 。

二、耕地资源利用面临的问题

　　（一）耕地的较高利用程度与严重的闲置浪费情况并存

　　由于武强县非农建设用地已进入快速增长时期，前 2 年退耕还林政策又损失了大量耕地，因此武强县的耕地资源利用程度一直较高。这种情况突出表现在两个方面：一方面是耕地的复种指数较高，大部分地区农作物的平均复种指数达 200% 以上；另一方面是耕地、单产水平较高，只不过从现有投入水平与耕地的综合生产能力上看，单产水平的进一步提高也照样面临着很大的压力与难度。

　　武强县虽然耕地资源紧张，然而由于法制不健全以及耕地的用途管制失控，又引发部分耕地资源的闲置浪费现象：一方面，受农产品市场变化与价格调整的影响，部分耕地由于种植结构调整处于闲置状况；另一方面，非农建设用地的粗放浪费现象也十分严重。例如，现有的城镇建设用地中为低效利用，5% 的处于闲置状态，农村居民点建设用地也大致有 50% 左右为低效利用，10% ~ 15% 的处于闲置状态。另外，武强县相当多的耕地零碎不规整，又导致了闲散地、废沟塘、取土坑、田间道路面积过多。

　　（二）耕地大量减少

　　随着农村经济的发展和社会的进步，农民生活水平的提高，农村住宅建设规模逐渐扩大，农村空心村现象日益突出，乡镇企业、民营企业发展迅速，耕地占用数量明显增加。

　　（三）耕地退化严重，质量不断下降

　　耕地退化是人类对耕地的不合理利用而导致耕地地力下降的过程，通常表现为耕地土壤利于农作物生长的物理、化学与生物等方面特性的下降。退化原因主要有：一是耕地水土流失。由于植被破坏、覆盖率低，使耕地水土流失，导致耕层变薄，形成了日益严重的耕地侵蚀；二是耕地盐渍化。有机质含量降低，微生物活力差，土壤板结，是武强县中低产田类型之一；三是耕地被污染，随着城市规模的扩大，生活垃圾增加，工业发展和乡镇企业的突起，大量的工业废气、废水、废渣排放到土地中，以及农业生产废弃物处置不当等，造成大量的耕地被污染；四是使用不合理，长期以来形成的广种薄收、重用地轻养地、粗放式管理的种植习惯在短期内难于改变，有机肥使用数量的减少、过量施用化肥、不科学的施肥方式导致了土壤结构破坏，土壤板结，耕层变浅，耕性变差，保水、保肥能力下降，产出水平低。

（四）后备资源短缺且改良与开发的难度大

武强县可供开发的耕地后备资源十分短缺。原因在于：武强县宜垦土地本就有限，又由于境内河道较多、湖泊面积大、河床面积较大，部分耕地深受侵蚀、渍涝、盐碱、板结，开发利用起来不仅难度大，而且也需投入很大资金、技术与人力。此外从用地管理上，无论是农业结构调整、还是非农的建设用地，均是以牺牲优质耕地资源为代价，所以耕地后备资源的改良和开发前景不容乐观。

第三节　耕地资源合理利用的对策与建议

一、耕地资源合理利用的对策

武强县土地资源丰富，气候上属典型的温带大陆季风气候，光照充足，四季分明，农业条件优越，是传统的农业大县。耕地土壤以壤土为主，土层深厚，质地适中，地势平坦，土壤肥沃，适宜优质粮食、蔬菜、经济作物的生产。

武强县耕地资源合理利用的指导思想是：以农民增收、农业增效、社会增益为目标，紧紧围绕生态农业、科技农业、高效农业、现代农业的发展方向，加大实施农业结构调整力度；以设施农业、外向型农业和绿色、无公害、有机产品生产为主要任务，实现农业结构优化、产业升级；通过大幅度提高武强县耕地资源利用效率、农产品安全性和农村整体经济效益，减少农业污染，改善农业生态环境，实现耕地资源的有效配置和高效利用，提高农业的集约化水平、组织化程度和综合效益。

（一）依靠科技进步，大力推广应用农业新技术

通过以市场为导向，依靠科技进步，大力推广应用农业新技术、新品种，发展高效农业、生态农业、观光农业，农业产业化、规模化、标准化得到迅速推进，农产品市场竞争力大大增强，形成具有一定特色的优势产业。到2020年，武强县主要农产品中有机及绿色产品的比重达到20%，无公害蔬菜生产基地达到5个，特色农产品标准化生产基地环境认证面积达到5万亩。

（二）减少农业面源污染，改善农业环境质量

农村生活用能中新能源比例达到50%，化肥施用强度下降到5100kg/亩，有效利用率提高4个百分点以上；秸秆综合利用率保持在95%以上；节水、节能、节地型农业生产技术得到进一步推广，农业科技贡献率有较大提高，农村利用生物能源的水平进一步提高。

（三）加快农业产业结构调整

树立大农业观念，在稳定武强县粮食种植面积的同时，积极发展优质粮食和高效经济作物，培育有竞争力的农产品；大力发展特色农业和生态循环农业，推进集约化种植；重点发展无公害蔬菜、小杂粮等高效农业，培育壮大龙头名牌企业，扩大基地规模，实现农业增效、农民增收，加快农业产业化进程，提高农业产业化经营水平；广泛开展新技术、新品种的实验、引进和推广，提高农产品的产量、质量和市场占有率。

1. 种植业结构调整（粮食、蔬菜）

继续发展优质专用小麦、玉米，大力推广蔬菜、饲草的种植，构建生态适宜型"粮—经—饲"三元种植结构。同时，充分利用毗邻京、津、石的区位优势，继续大力发展设施无公害蔬菜的种植。

2. 增强林果业综合实力

重点发展生态林业工程，重点完善河堤防护林建设绿化工程和农田林网建设水平，搞好农林复合经营工程，提高林果地产出率。

3. 建设生态农业基地，优化农业布局

（1）建设优质粮食生产基地，依托良种补贴、高产创建、农田节水、测土配方施肥等项目的实施，大力推进优质、高产、节水、抗病型粮食生产。改善农业生产条件，完善农业基础设施，加快优质粮食生产基地的建设。建立以孙庄乡、街关镇、北代乡3个农业乡镇为重点的优质粮食生产示范基地，优质小麦种植面积达到15万亩，优质玉米播种面积达到16万亩；以蒙牛饲草基地为重点的高产饲草种植基地，种植面积达到1万亩。

（2）建设有机、绿色、无公害蔬菜瓜果生产基地。利用良好的蔬菜生产基础，按照"以点带面"的发展思路，加快推进有机、绿色、无公害蔬菜瓜果生产基地的建设进度。大力发展有机、绿色、无公害蔬菜专业乡镇和专业村，鼓励农业龙头企业发展无公害蔬菜示范园区，辐射带动武强县蔬菜发展。充分发挥北大洼现代农业示范区的经营示范作用，依托307国道，发展设施蔬菜、品牌蔬菜，加强对无公害蔬菜出口品牌的培育，注重品种的引进、品质的创新和生产条件的改善，推进标准化生产。

（3）推广林果—粮经立体生态农业模式。利用作物和林果之间在时空上利用资源的差异和互补关系，在林果株行距中间种植粮食作物、经济作物、蔬菜、瓜类，形成不同的农林复合种植模式。

（4）"间套轮"种植模式。在大力推行棉花与西瓜、棉花与甜瓜、棉花与绿豆等多种间作套种模式的基础上，积极推行粮经套种、粮蔬套种以及粮经蔬菜间的轮作种植。

（5）加强农业废弃物的综合利用。大力推广秸秆直接或间接发酵还田技术，积极探索新的利用途径，如依托纸制品业发展纸制品，秸秆气化作为能源等，提高秸秆的综合利用效率。围绕秸秆的综合利用，从循环经济的角度建立新的产业链发展模式如：秸秆发电或气化—灰分作为肥料返回——种植，秸秆生产饲料——养殖——沼气—有机肥料——种植。

（6）塑料农膜回收利用。在农膜的使用上采用耐老化农膜，农膜的厚度必须在0.01mm以上，以保证农膜使用后仍可大块清除；同时，采用适期揭膜回收技术，既能提高作物产量，又能提高地膜回收率。加强宣传使用塑料薄膜常识性知识和其危害性，杜绝使用以淀粉胶与高分子材料结合生产的所谓的"可降解"塑料薄膜，以免加剧环境问题的恶化。

4. 改善农业生态环境，控制农业面源污染

全面推广测土配方施肥技术，完善不同区域、不同农作物的测土配方施肥指标体系，逐步实现测土配方施肥工作的规范化和标准化，改变传统施肥方式，减少化肥浪费，提高肥料的利用率；以无公害、绿色产品基地建设为契机，加大有机肥使用比例，使秸秆还田技术在农业生产中得到应用与推广。

5. 大力发展节水农业和旱作农业

提高节水意识，开源与节流并举、防汛抗旱两手抓。建立节水型农业种植结构，大力发展节水抗旱品种，建设井灌区综合节水工程，推广先进的喷灌、滴灌、微灌、管灌灌溉技术；大力实施蓄水工程，提高地表水的调蓄能力。

（1）建立节水型农业种植结构。调整农业种植结构，压缩高耗水作物面积，减少地下水开采量；在尽力提高单产、稳定总产的前提下，稳定小麦、玉米和棉花种植面积；增加抗旱省水的杂粮面积，适度发展经济效益高的蔬菜、瓜果生产。到2015年武强县发展农田节水15万亩，到2020年发展农田节水30万亩，地下水资源得到有效恢复。农业种植结构得到优化。

（2）推广抗旱节水品种。既要考虑节水，又要考虑增产、增收。加快节水、耐旱型冬小麦、夏玉米新品种的引进和推广步伐。

6. 加强农业科技服务，提高农业生产技术水平

实施"科教兴农"战略，加快农业科技进步。广泛采用国内外的先进农业生产技术和优良品种，为农业农村的发展提供坚实的技术支撑；加大农业科技投入力度，逐步形成以财政投入为主导、以企业投入为主体、以金融信贷为支撑的多元化农业科技投入新体系；加强农村实用技术教育和农业信息网络建设，实现资源共享；做好农村劳动力的劳动技能培训和就业指导；扶持农民专业合作组织和农产品行业协会发展，引导农民进入市场，提高农业组织化水平。

二、武强县耕地资源合理利用的目标规划与建议

（一）耕地资源利用的目标规划

1. 近期目标（2015～2017年）

武强县耕地资源得到较合理的开发利用，耕地资源得到较好保护，耕地生产能力有所提高，人均耕地面积保持稳定，完成中、低产田改造1万亩，基本农田保护区占耕地面积的比例稳定在85%以上，林地面积不断增加，土地生态环境污染、农业面源污染得到有效遏制。

2. 中期目标（2018～2020年）

武强县耕地资源利用率稳步提高，耕地资源保护状况进一步改善，基本农田保护区

得到严格保护，基本农田保护区占耕地面积的比例稳定在 85% 以上，土地生态环境质量得到明显改善。

3. 远期目标（2021～2030 年）

武强县耕地资源得到充分利用和合理开发，耕地保有面积不减少，基本农田保护区占耕地面积的比例稳定在 85% 以上，耕地生产能力达到国际先进水平，每亩耕地平均生产粮食 600kg 以上，土地生态环境质量得到明显改善。

（二）耕地资源的合理开发与利用措施建议

1. 修编土地利用总体规划，科学合理利用土地资源

开展武强县土地利用现状更新调查，建立更新调查数据库及管理信息系统，实现土地调查成果的信息化管理，提高土地资源业务管理的信息化和现代化水平；在此基础上，完成土地利用总体规划的修编工作，准确预测未来用地需求量，充分发挥规划对土地利用的调控作用；对土地利用总体规划确定的内容要严格执行，其他规划应当与土地利用总体规划相衔接。加强土地利用总体规划实施管理，充分发挥规划的宏观调控作用，实行土地用途分区管制与年度用地指标控制制度，发挥土地用途转用许可和土地利用年度计划的调控和约束作用，制定和完善规划实施管理的配套规章，建立规划实施的监督管理体系，做好规划的监督检查和跟踪分析，确保规划制定的各项目标、方针和政策措施的贯彻落实。

2. 加强基本农田保护，严格控制各类建设占用耕地，实现占补平衡

加强对基本农田的特殊保护，执行《基本农田保护条例》，切实保护耕地，实行占用耕地补偿制度和基本农田保护制度，将土地利用总体规划确定的对耕地、基本农田保护纳入领导干部考核内容，明确村民委员会和承包户对基本农田的保护责任，建立健全基本农田保护体系，以建设促保护，加大投入，逐步实现基本农田标准化，基础建设规范化，保护责任社会化，监督管理信息化，全面提高基本农田管理和建设水平。严格控制各类建设用地规模，按照"循序渐进，节约土地，集约发展，合理布局，积极稳妥地推进城镇化"的要求，统筹城乡协调发展，确定各类用地规模布局，防止无序扩张。加强建设用地审批管理，按照国家产业政策和供地政策核定各类建设用地的数量，促进节约集约利用，有效控制耕地减少，加强建设占用地占补平衡管理，实现同质量耕地占补平衡。

3. 大力开展中低产田改造

积极开展以田、水、路、林、村综合整治为主的中低产田改造工作，不断提高劳动生产率和农田产出率，有效地挖掘和发挥土地资源的潜力和效益，缓解武强县人口增长与耕地减少的矛盾。积极推广配方施肥、平衡施肥等技术和增加施用有机肥，使土壤提高一个肥力等级。到 2020 年，对中低产耕地全部改造完毕。

农田基本建设和水利建设要同步进行，坚持保护优先、开发有序的原则，保障生态建设用地需求，严禁将土壤条件和耕作条件好的基本农田退耕还林、种草。支持农业产业结构优化，减少自然灾害损毁耕地。减少水土流失，改善生态环境，开展土地利用生态环境调查评价，建立土地利用生态环境背景数据库和生态环境质量预报、预警的服务体系，构建生态环境良性循环的土地利用模式。

4. 加强土地管理，提高土地利用效率

制定单位土地投资强度和产出水平、单位 GDP 污染物排放量等指标作为强制性土地使用准入标准，对每一块出让或批租的土地都要严格按国家法律法规和有关政策的规定，履行出让手续或进行招标、挂牌、拍卖，杜绝土地出让和批租的随意性。搞好土地的挖潜改造工作，大力推进节约集约用地，严格控制城镇建设用地规模，重点消化与调整使用城镇存量土地，有计划地对旧城进行改造；加强闲置土地的管理，对闲置、低效的土地进行合理开发利用，提高土地集约利用化程度。近期保证国家重点支持的农林水利建设、交通通信建设、城市基础设施建设、城乡电网改造、国家直属粮库建设、经济适用住房建设和生态建设的用地需求。

5. 依靠科技进步和创新，加强信息化建设，促进耕地资源有效利用

围绕耕地资源规划、管理、保护与合理利用面临的主要问题，完善武强县耕地资源信息管理系统，不断充实耕地资源数据库建设，逐步建立耕地资源动态监测与数据更新机制，建立土地利用现状、耕地利用规划、后备耕地资源、基本农田保护、农用土地分等定级等数据库，以管理信息化带动管理科学化和服务社会化，促进耕地资源的合理利用。

6. 加强宣传，鼓励公众参与耕地保护

利用广播、电视、报刊、网络等多种媒体广泛开展耕地保护的警示教育，提高民众的耕地危机意识。强化各级领导和广大人民保护耕地资源的意识，牢固树立保护耕地就是保护自己的生命线，在保护耕地的前提下发展各项事业的思想。采取措施，鼓励公众参与耕地保护工作，制定公众参与的保障措施，地方要以法规的形式确保政府在耕地资源开发与占用项目决策过程中的公众参与，形成公众参与的制度；制定鼓励公众参与的法规，采取经济措施，对在耕地利用和保护方面的执法、监督、科学研究、宣传教育、人员培训、决策咨询等方面做出显著贡献的单位和个人给予精神和物质奖励。

附　图

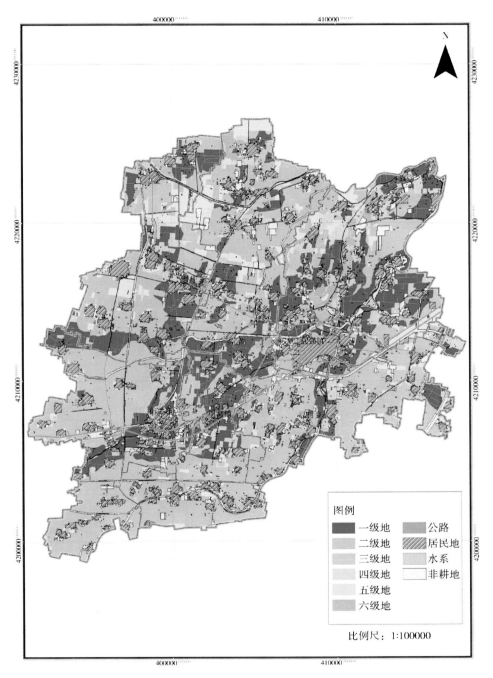

图一　武强县耕地地力等级图

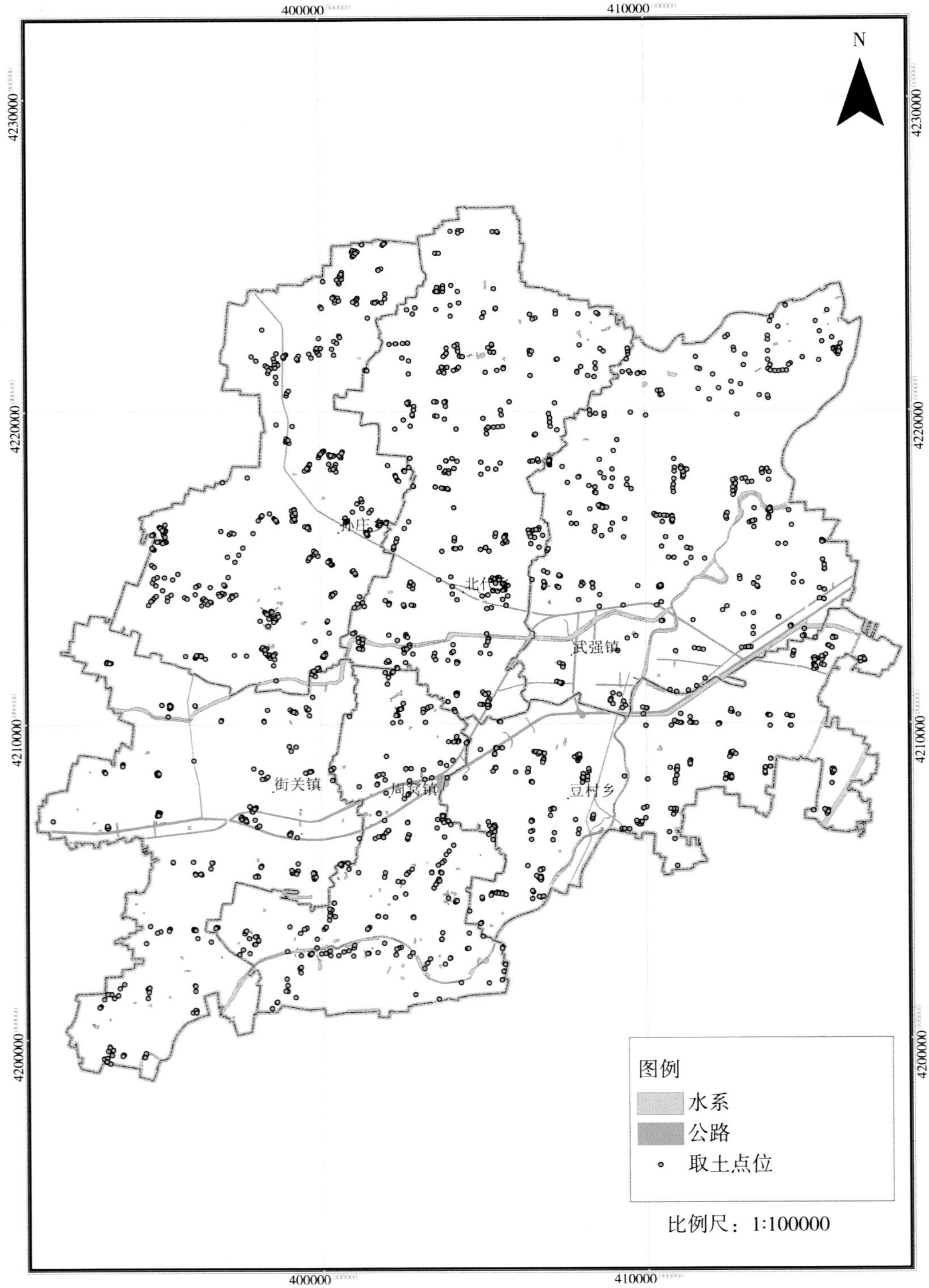

图二　武强县耕地地力评价取土点位图

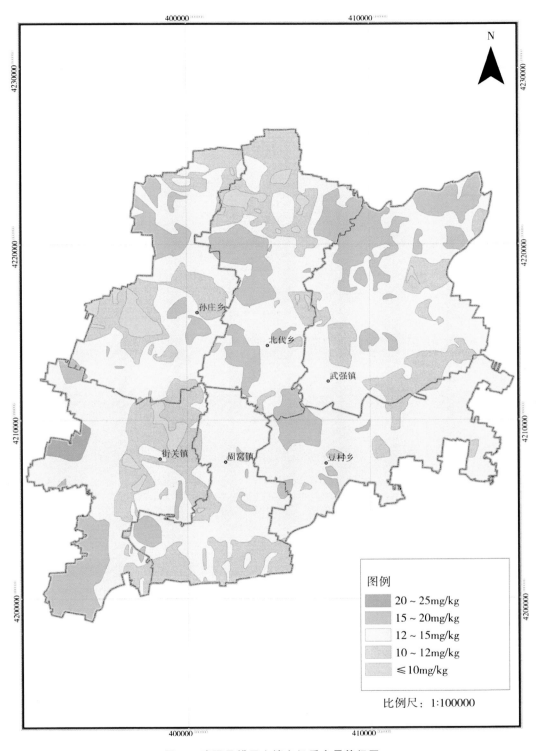

图三　武强县耕层土壤有机质含量等级图

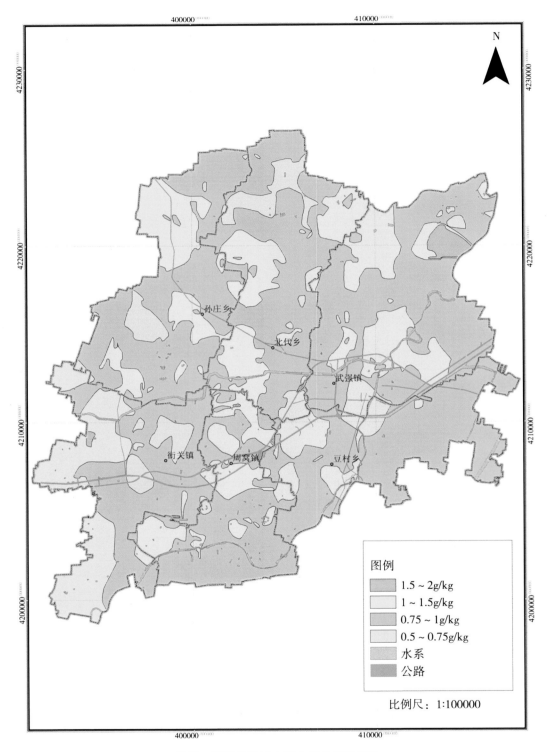

图四　武强县耕层土壤全氮含量等级图

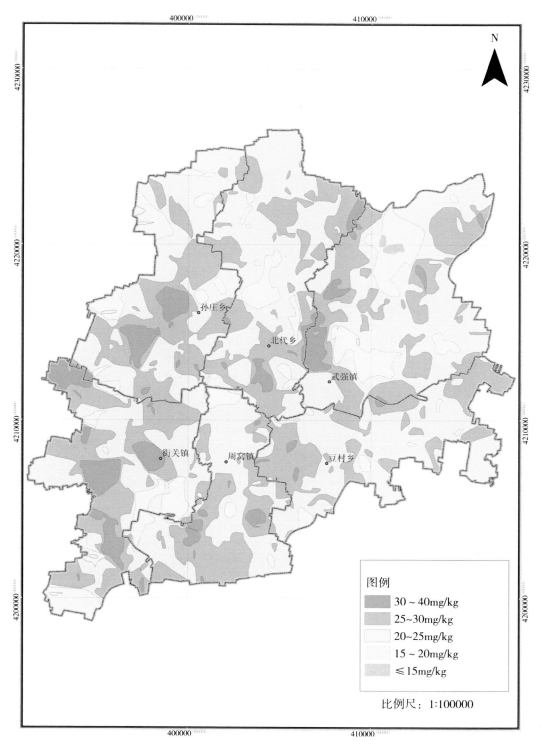

图五　武强县耕层土壤有效磷含量等级图

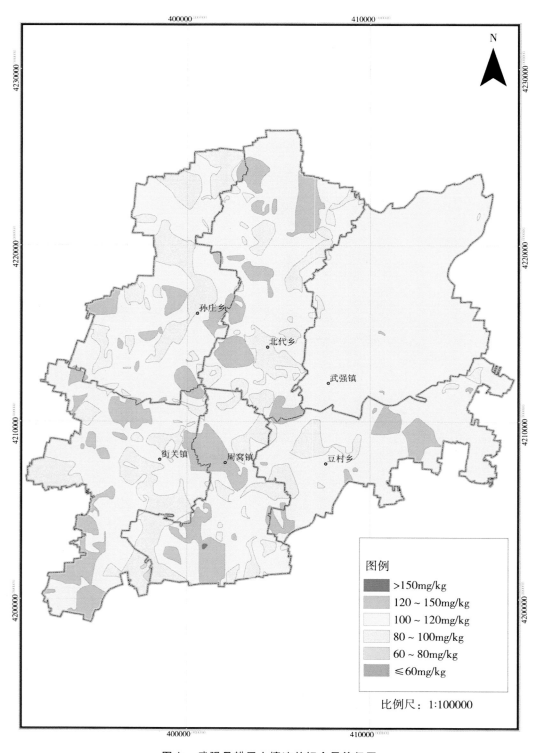

图六　武强县耕层土壤速效钾含量等级图

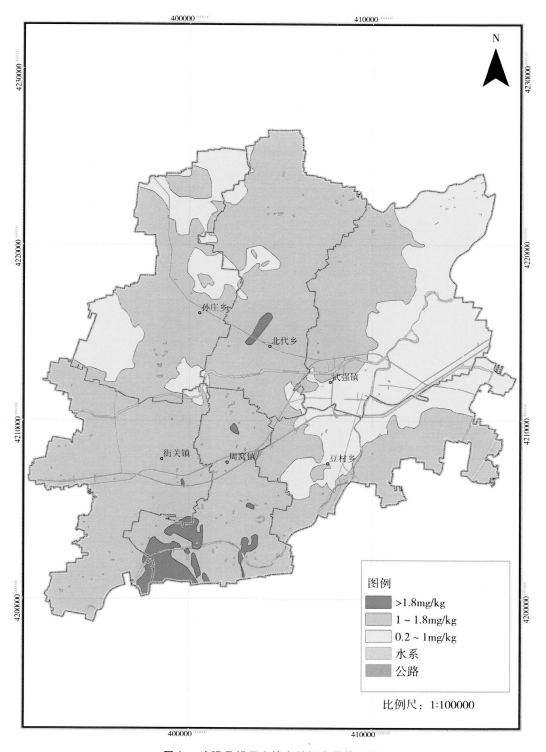

图七　武强县耕层土壤有效铜含量等级图

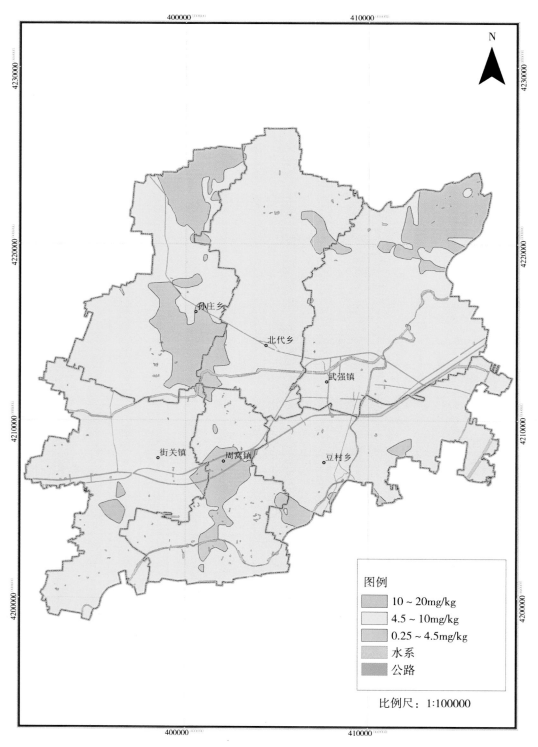

图八　武强县耕层土壤有效铁含量等级图

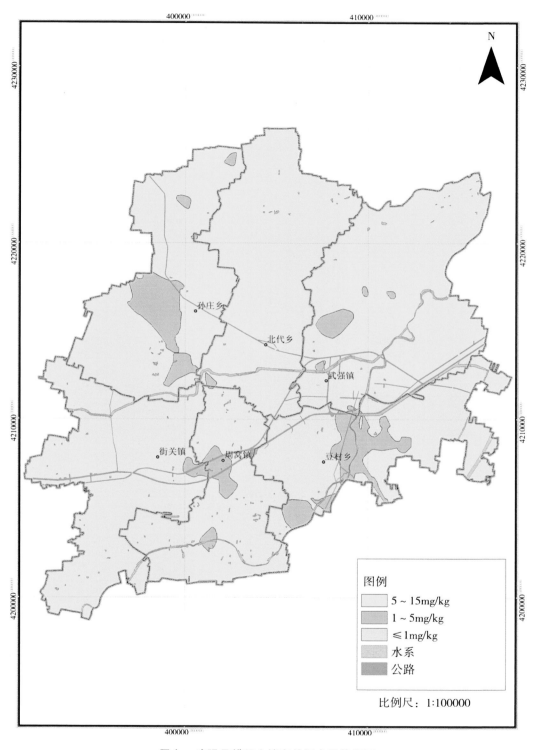

图九　武强县耕层土壤有效锰含量等级图

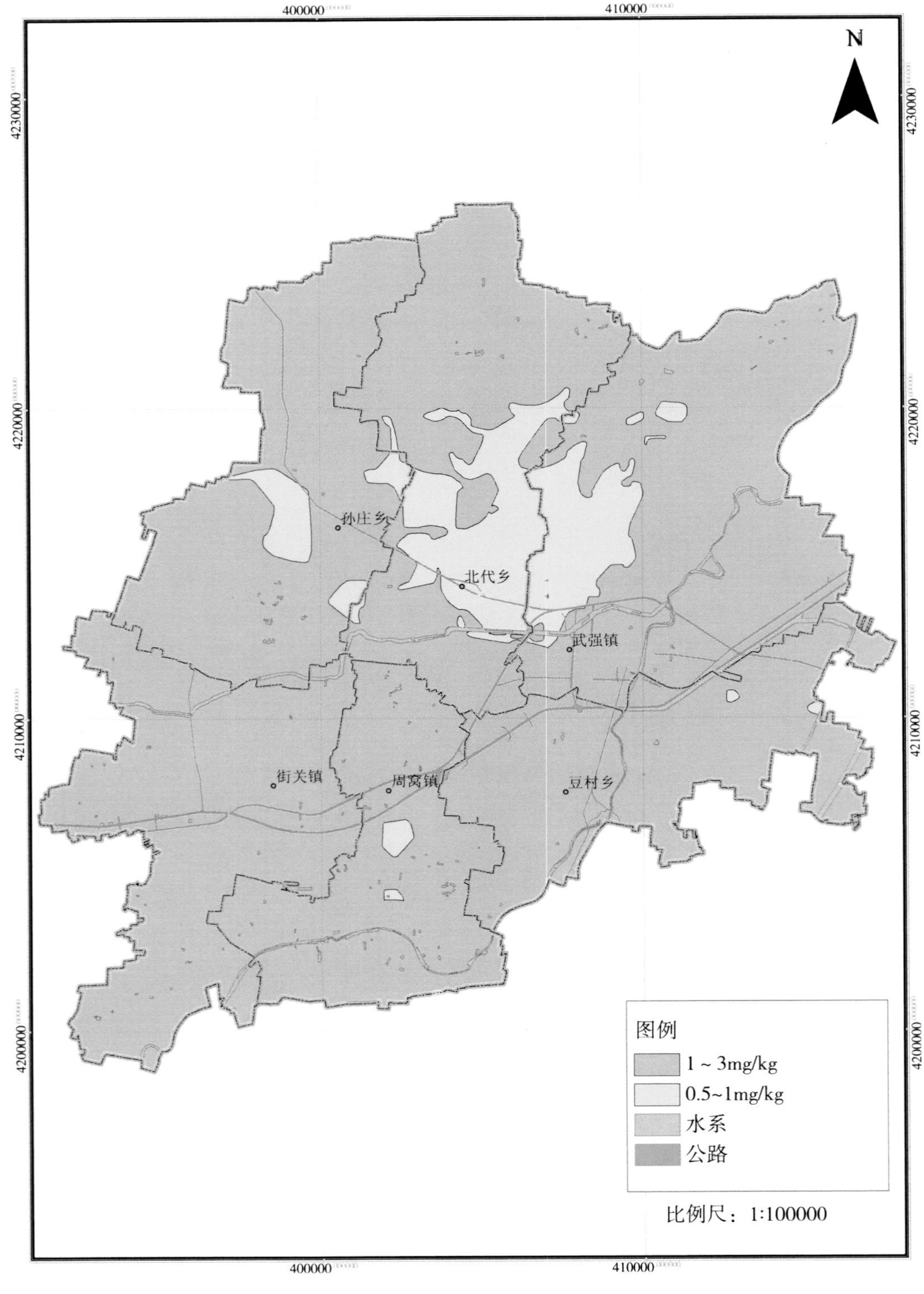

图十　武强县耕层土壤有效锌含量等级图

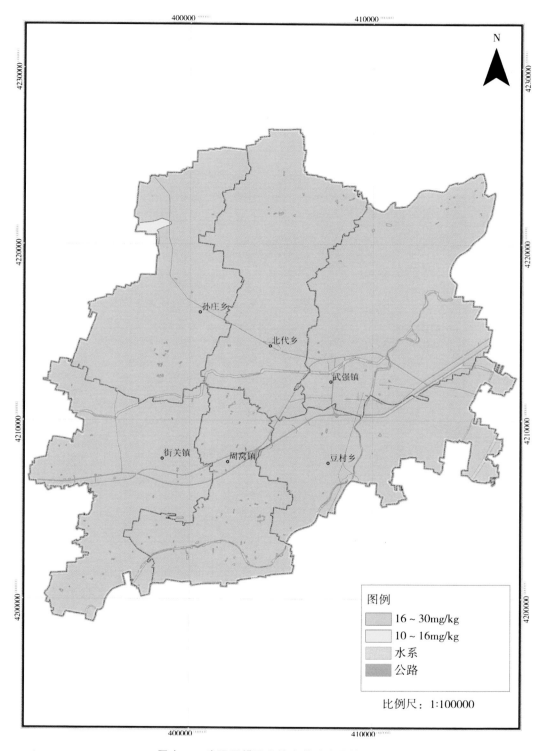

图十一　武强县耕层土壤有效硫含量等级图